U0198209

OpenCV+TensorFlow
深度学习与计算机视觉实战

王晓华 著

清华大学出版社
北京

内 容 简 介

本书旨在掌握深度学习基本知识和特性的基础上,培养使用 TensorFlow+OpenCV 进行实际编程以解决图像处理相关问题的能力。全书力求通过通俗易懂的语言和详细的程序分析,介绍 TensorFlow 的基本用法、高级模型设计和对应的程序编写。本书配套示例源码、PPT 课件、开发环境与答疑服务。

本书共 13 章,内容包括计算机视觉与深度学习的关系、Python+TensorFlow+OpenCV 的环境搭建、Python 数据处理及可视化、机器学习的理论和算法、计算机视觉处理库 OpenCV、OpenCV 图像处理实战、TensorFlow 基本数据结构和使用、TensorFlow 数据集的创建与读取、TensorFlow 的数据输入输出、反向传播神经网络、反馈神经网络、卷积神经网络,以及图像识别实战案例解析。本书强调理论联系实际,着重介绍 TensorFlow+OpenCV 解决图像识别的应用,提供大量数据集供读者使用,并以代码的形式实现深度学习模型实例供读者参考。

本书既可作为学习人工神经网络、深度学习、TensorFlow 程序设计以及图像处理等相关内容的程序设计人员的自学用书,也可作为高等院校或高职高专相关专业的教材使用。

图书在版编目(CIP)数据

OpenCV+TensorFlow 深度学习与计算机视觉实战 / 王晓华著. —北京:清华大学出版社,2019(2025.1 重印)
ISBN 978-7-302-51842-6

Ⅰ. ①O… Ⅱ. ①王… Ⅲ. ①图象处理软件—程序设计 Ⅳ. ①TP391.413

中国版本图书馆 CIP 数据核字(2018)第 277343 号

责任编辑:夏毓彦
封面设计:王 翔
责任校对:闫秀华
责任印制:丛怀宇

出版发行:清华大学出版社
  网 址:https://www.tup.com.cn,https://www.wqxuetang.com
  地 址:北京清华大学学研大厦 A 座 邮 编:100084
  社 总 机:010-83470000 邮 购:010-62786544
  投稿与读者服务:010-62776969,c-service@tup.tsinghua.edu.cn
  质量反馈:010-62772015,zhiliang@tup.tsinghua.edu.cn

印 装 者:北京联兴盛业印刷股份有限公司
经 销:全国新华书店
开 本:190mm×260mm 印 张:17.5 字 数:448 千字
版 次:2019 年 2 月第 1 版 印 次:2025 年 1 月第 7 次印刷
定 价:69.00 元

产品编号:081471-02

前　言

我们处于一个变革的时代！

给定一个物体，让一个 3 岁的小孩描述这个物体是什么似乎是一件非常简单的事情。然而将同样的东西放在计算机面前，让它描述自己看到了什么，这在不久以前还是一件不可能的事。

让计算机学会"看"东西是一个专门的学科——计算机视觉正在做的工作。借助于人工神经网络和深度学习的发展，近年来计算机视觉在研究上取得了重大的突破。通过模拟生物视觉所构建的卷积神经网络模型在图像识别和分类上取得了非常好的效果。

而今，借助于深度学习技术的发展，使用人工智能去处理常规劳动，理解语音语义，帮助医学诊断和支持基础科研工作，这些曾经是梦想的东西似乎都在眼前。

写作本书的原因

TensorFlow 作为最新的、应用范围最为广泛的深度学习开源框架引起了广泛的关注，吸引了大量程序设计和开发人员进行相关内容的学习与开发。掌握 TensorFlow 编程基本技能的程序设计人员成为当前各组织和单位热切追求的最热门人才之一。他们的主要工作就是利用获得的数据集设计不同的人工神经模型，利用人工神经网络强大的学习能力提取和挖掘数据集中包含的潜在信息，编写相应的 TensorFlow 程序对数据进行处理，对其价值进行进一步开发，为商业机会的获取、管理模式的创新、决策的制定提供相应的支持。随着越来越多的组织、单位对深度学习应用的重视，高层次的 TensorFlow 程序设计人员将会成为就业市场上抢手的人才。

与其他应用框架不同的是，TensorFlow 并不是一个简单的编程框架，深度学习也不是一个简单的名词，需要相关研究人员对隐藏在其代码背后的理论进行系统学习、掌握一定的数学知识和理论基础。本书的作者具有长期一线理科理论教学经验，可以将其中的理论知识以非常浅显易懂的语言描述出来。这一点是市面上相关书籍无法比拟的。

本书是为了满足广大 TensorFlow 程序设计和开发人员学习最新 TensorFlow 程序代码的要求而出版的。书中对涉及深度学习的结构与编程代码做了循序渐进的介绍与说明，以解决实际图像处理为依托，从理论开始介绍 TensorFlow+OpenCV 程序设计模式，多角度、多方面地对其中的原理和实现提供翔实的分析，同时结合实际案例编写的应用程序设计可以使读者从开发者的层面掌握 TensorFlow 程序的设计方法和技巧、为开发出更强大的图像处理应用打下扎实的基础。

本书的优势

（1）本书偏重于介绍使用卷积神经网络及其相关变化的模型，在 TensorFlow 框架上进行图像特征提取、图像识别以及具体应用，这是目前已出版图书中鲜有涉及的。

（2）本书并非枯燥的理论讲解，而是作者阅读和参考了大量最新文献做出的归纳总结，在这点上也与其他编程书籍有本质区别。书中的例子都是来自于现实世界中对图像分辨和特征的竞赛优胜模型，通过介绍这些例子可以使读者更深一步地了解和掌握其内在的算法和本质。

（3）本书作者有长期研究生和本科教学经验，通过通俗易懂的语言对全部内容进行讲解，深入浅出地介绍反馈神经网络和卷积神经网络理论体系的全部知识点，并在程序编写时使用官方推荐的 TensorFlow 最新框架进行程序设计，帮助读者更好地使用最新的模型框架、理解和掌握 TensorFlow 程序设计的精妙之处。

（4）掌握和使用深度学习的人才应该在掌握基本知识和理论的基础上，重视实际应用程序开发能力和解决问题能力的培养。因此，本书结合作者在实际工作中遇到的实际案例进行分析，抽象化核心模型并给出具体解决方案，并提供了全部程序例题的相应代码以供读者学习。

本书的内容

本书共分为 13 章，所有代码均采用 Python 语言（TensorFlow 框架推荐使用的语言）编写。

第 1 章介绍计算机视觉与深度学习的关系，旨在说明使用深度学习和人工智能实现计算机视觉是未来的发展方向，也是必然趋势。

第 2 章介绍 Python 3.6+TensorFlow 1.9+OpenCV 3.4.2 的环境搭建。Python 语言是易用性非常强的语言，可以很方便地将公式和愿景以代码的形式表达出来，而无须学习过多的编程知识。本章还介绍 Python 专用类库 threading 的使用。这个类库虽不常见，但会为后文的数据读取和 TensorFlow 专用格式的生成打下基础。

第 3 章主要介绍 Python 语言的使用。通过介绍和实现不同的 Python 类库，帮助读者强化 Python 的编程能力、学习相应类库。这些都是在后文中反复使用的内容。同时借用掌握的知识学习数据的可视化展示能力（在数据分析中是一项基本技能，具有非常重要的作用）。

第 4 章全面介绍机器学习的基本分类、算法和理论基础，以及不同算法（例如回归算法和决策树算法）的具体实现和应用。这些是深度学习的基础理论部分，向读者透彻而准确地展示深度学习的结构与应用，为后文进一步掌握深度学习在计算机视觉中的应用打下扎实的基础。

第 5~6 章是对 OpenCV 类库（Python 中专门用于图像处理的类库）使用方法的介绍。本书以图像处理为重点，因此对图像数据的读取、编辑以及加工是重中之重。通过基础讲解和进阶介绍，读者可以掌握这个重要类库的使用，学会对图像的裁剪、变换和平移的代码编写。

第 7~8 章是 TensorFlow 的入门基础，通过一个娱乐性质的网站向读者介绍 TensorFlow 的基本应用，用图形图像的方式演示神经网络进行类别分类的拟合过程，在娱乐的同时了解其背后的技术。

第 9 章是本书的一个重点，也是神经网络的基础内容。本章的反馈算法是解决神经网络计算量过大的里程碑算法。作者使用通俗易懂的语言，通过详细严谨的讲解，对这个算法进行了介绍，并且通过独立编写代码的形式，为读者实现神经网络中最重要的算法。本章的内容看起来不多，但是非常重要。

第 10 章对 TensorFlow 的数据输入输出做了详细的介绍。从读取 CSV 文件开始，到教会读者制作专用的 TensorFlow 数据格式 TFRecord，这是目前市面上的书籍鲜有涉及的。对于使用 TensorFlow 框架进行程序编写，数据的准备和规范化是重中之重，因此本章也是较为重要的一个章节。

第 11~12 章是应用卷积神经网络在 TensorFlow 框架上进行学习的一个基础教程，经过前面章节的铺垫和介绍，采用基本理论——卷积神经网络进行手写体的辨识是深度学习最基本的技能，也是非常重要的一个学习基础。并且在程序编写的过程中，作者向读者展示了参数调整对模型测试结果的重要作用，这也是目前市面上相关书籍没有涉及的内容，非常重要。

第 13 章通过一个完整的例子演示使用卷积神经网络进行图像识别的流程。例子来自于 ImageNet 图像识别竞赛，所采用的模型也是比赛中获得准确率最高的模型。通过对项目每一步的详细分析，手把手地教会读者使用卷积神经网络进行图像识别。

除此之外，全书对于目前图像识别最流行和取得最好成绩的深度学习模型做了介绍，这些都是目前深度学习的热点和研究重点。

本书的特点

- 本书不是纯粹的理论知识介绍，也不是高深技术研讨，完全是从实践应用出发，用最简单的、典型的示例引申出核心知识，最后还指出了通往"高精尖"进一步深入学习的道路。
- 本书没有深入介绍某一个知识块，而是全面介绍 TensorFlow+OpenCV 涉及的图像处理的基本结构和上层程序设计方法，借此能够系统综合性地掌握深度学习的全貌，使读者在学习过程中不至于迷失方向。
- 本书在写作上浅显易懂，没有深奥的数学知识，采用较为形象的形式，用大量图像例子描述应用的理论知识，让读者在轻松愉悦的阅读下掌握相关内容。

- 本书旨在引导读者进行更多技术上的创新，每章都会用示例描述的形式帮助读者更好地理解本章的学习内容。
- 本书代码遵循重构原理，避免代码污染，真心希望读者能写出优秀、简洁、可维护的代码。

示例代码、PPT 课件、开发环境下载

本书配套的资源，需要用微信扫描右边二维码获取，可按页面提示填写自己的邮箱，把链接转到自己的邮箱中下载。

如果下载有问题，或者对本书有疑问和建议，请联系答疑服务邮箱 booksaga@163.com，邮件主题写 "OpenCV+TensorFlow"。

本书适合人群

本书适合于学习人工神经网络、深度学习、计算机视觉以及 TensorFlow 程序设计等相关技术的程序设计人员阅读，也可以作为高等院校和培训学校相关专业的教材。建议在学习本书的过程中，理论联系实际，独立进行一些代码编写，采取开放式的实验方法，即读者自行准备实验数据和实验环境，解决实际问题。

本书作者

本书作者现为高校计算机专业讲师，担负数据挖掘、Java 程序设计、数据结构等多项本科及研究生课程，研究方向为数据仓库与数据挖掘、人工智能、机器学习，在研和参研多项科研项目。本书在写作过程中得到了家人的大力支持，在此对他们表示感谢。

以尽致的文字、严密的逻辑、合时的题材、丰富的内涵服务社会，是作者编写本书的宗旨。但因认识局限，不足之处还望大家多多指正。

王晓华

2018 年 10 月

目　　录

第 1 章

◀ 计算机视觉与深度学习 ▶

当作者还是一个懵懂的小孩的时候，电视台播放的一部美国动画片《变形金刚》（如图1-1 所示）激起了作者对机器人的浓厚兴趣。一句"汽车人，变形，出发！"不光是孩子，甚至于连陪同观看的大人们也会被那些懂幽默、会调侃，充满着正义、勇敢、智慧、热情、所向无敌的变形金刚人物所吸引。

图 1-1 变形金刚——霸天虎

长久以来，机器人和人工智能主题的电影、电视剧和动画片一直备受观众所喜爱，人类用对未来的无尽的想象力和炫目的特技效果构筑了一个又一个精彩的未来世界，令人陶醉。但是回归到现实，计算机科学家和工程技术人员的创造和设计能力却远远赶不上电影编剧们的想象力。动画片终究是动画片，变形金刚也不存在于这个现实世界中，要研发出一个像霸天虎一样能思考、看得到周围景物、听得懂人类语言并和人类进行流利对话的机器人，这条路还很漫长。

1.1 计算机视觉与深度学习的关系

长期以来，让计算机能看会听可以说是计算机科学家孜孜不倦的追求目标，这个目标中最基础的就是让计算机能够看见这个世界，赋予计算机一双和人类一样的眼睛，让它们也能看懂这个美好的世界，这也是激励作者及所有为之奋斗的计算机工作者的主要动力。虽然目前计算机并不能达到动画片中变形金刚的十分之一的能力，但是技术进步是不会停止的。

1.1.1　人类视觉神经的启迪

20 世纪 50 年代，Torsten Wiesel 和 David Hubel 两位神经科学家在猫和猴子身上做了一项非常有名的关于动物视觉的实验（如图 1-2 所示）。

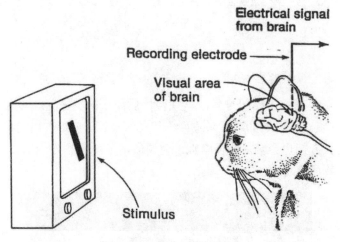

图 1-2　脑部连入电极的猫

实验中猫的头部被固定，视野只能落在一个显示屏区域，显示屏上会不时出现小光点或者划过小光条，而一条导线直接连入猫的脑部区域中的视觉皮层位置。

Torsten Wiesel 和 David Hubel 通过实验发现，当有小光点出现在屏幕上时，猫视觉皮层的一部分区域被激活，随着不同光点的闪现，不同脑部视觉神经区域被激活。而当屏幕上出现光条时，则有更多的神经细胞被激活，区域也更为丰富。他们的研究还发现，有些脑部视觉细胞对于明暗对比非常敏感，对视野中光亮的方向（不是位置）和光亮移动的方向具有选择性。

自从 Torsten Wiesel 和 David Hubel 做了这个有名的脑部视觉神经实验之后，视觉神经科学（如图 1-3 所示）正式被人们所确立。截至目前，关于视觉神经的几个广为接受的观点是：

- 大脑对视觉信息的处理是分层级的，低级脑区可能处理边度、边缘的信息，高级脑区处理更抽象的信息，比如人脸、房子、物体的运动之类的。信息被一层一层地提取出来往上传递进行处理。
- 大脑对视觉信息的处理也是并行的，不同的脑区提取出不同的信息，干不同的活，有的负责处理这个物体是什么，有的负责处理这个物体是怎么动的。
- 脑区之间存在着广泛的联系，同时高级皮层对低级皮层也有很多的反馈投射。
- 信息的处理普遍受到自上而下和自下而上的调控。也就是说，大脑可能选择性地对某些空间或者某些特征进行更加精细的加工。

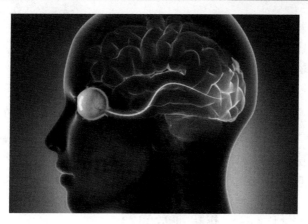

图 1-3　视觉神经科学

进一步的研究发现，当一个特定物体出现在视野的任意一个范围，某些脑部的视觉神经元会一直处于固定的活跃状态。从视觉神经科学的角度解释，就是人类的视觉辨识是从视网膜到脑皮层，神经系统从识别细微细小的特征演变为目标识别。对计算机来说，如果拥有这么一个"脑皮层"对信号进行转换，那么计算机仿照人类拥有视觉就会变为现实。

1.1.2　计算机视觉的难点与人工神经网络

尽管通过大量的研究，人类视觉的秘密正在逐渐被揭开，但是相同的想法和经验用于计算机上却并非易事。计算机识别往往有严格的限制和规格，即使同一张图片或者场景，一旦光线，甚至于观察角度发生变化，那么计算机的判别也会发生变化。对于计算机来说，识别两个独立的物体容易，但是在不同的场景下识别同一个物体则困难得多。

因此，计算机视觉的核心在于如何忽略同一个物体内部的差异而强化不同物体之间的分别（如图 1-4 所示），即同一个物体相似，而不同的物体之间有很大的差别。

图 1-4　计算机视觉

长期以来，对于解决计算机视觉识别问题，大量的研究人员投入了很多的精力，贡献了很多不同的算法和解决方案。经过不懈的努力和无数次尝试，最终计算机视觉研究人员发现，**使用人工神经网络用以解决计算机视觉问题是最好的解决办法。**

人工神经网络在 20 世纪 60 年代就产生萌芽，但是限于当时的计算机硬件资源，其理论只能停留在简单的模型之上，无法得到全面的发展和验证。

随着人们对人工神经网络的进一步研究，20 世纪 80 年代人工神经网络具有里程碑意义的理论基础"反向传播算法"的发明，将原本非常复杂的链式法则拆解为一个个独立的、只有前后关系的连接层，并按各自的权重分配错误更新。这种方法使得人工神经网络从繁重的、几乎不可能解决的样本计算中脱离出来，通过学习已有的数据统计规律，对未定位的事件做出预测。

随着研究的进一步深入，2006 年，多伦多大学的 Geoffrey Hinton 在深层神经网络的训练上取得了突破。他首次证明了使用更多隐层和更多神经元的人工神经网络具有更好的学习能力。其基本原理就是使用具有一定分布规律的数据，保证神经网络模型初始化，再使用监督数据在初始化好的网络上进行计算，使用反向传播对神经元进行优化调整。

1.1.3 应用深度学习解决计算机视觉问题

受前人研究的启发，"带有卷积结构的深度神经网络（CNN）"被大量应用于计算机视觉之中。这是一种仿照生物视觉的逐层分解算法，分配不同的层级对图像进行处理（如图 1-5 所示）。例如，第一层检测物体的边缘、角点、尖锐或不平滑的区域，这一层几乎不包含语义信息；第二层基于第一层检测的结果进行组合，检测不同物体的位置、纹路、形状等，并将这些组合传递给下一层。以此类推，使得计算机和生物一样拥有视觉能力、辨识能力和精度。

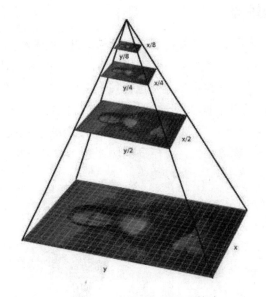

图 1-5 分层的视觉处理算法

因此 CNN，特别是其基本原理和算法被视为计算机视觉的首选解决方案，这就是深度学习的一个应用。除此之外，深度学习应用于计算机视觉上还有其他优点，主要表现如下：

● 深度学习算法的通用性很强，在传统算法里面，针对不同的物体需要定制不同的算法。相比来看，基于深度学习的算法更加通用，比如在传统 CNN 基础上发展起来的 faster RCNN，在人脸、行人、一般物体检测任务上都可以取得非常好的效果（如图 1-6 所示）。

● 深度学习获得的特征（feature）有很强的迁移能力。所谓特征迁移能力，指的是在 A 任务上学习到一些特征，在 B 任务上使用也可以获得非常好的效果。例如在 ImageNet（物体为主）上学习到的特征，在场景分类任务上也能取得非常好的效果。

● 工程开发、优化、维护成本低。深度学习计算主要是卷积和矩阵乘法，针对这种计算优化，所有深度学习算法都可以提升性能。

图 1-6　计算机视觉辨识图片

1.2　计算机视觉学习的基础与研究方向

　　计算机视觉是一个专门教计算机如何去"看"的学科，更进一步的解释就是使用机器替代生物眼睛来对目标进行识别，并在此基础上做出必要的图像处理，加工所需要的对象。

　　使用深度学习并不是一件简单的事，建立一项有真正识别能力的计算机视觉系统更不容易。从学科分类上来说，计算机视觉的理念在某些方面其实与其他学科有很大一部分的重叠，其中包括：人工智能、数字图像处理、机器学习、深度学习、模式识别、概率图模型、科学计算，以及一系列的数学计算等。这些领域急需相关研究人员学习其基础知识，理解并找出规律，从而揭示那些我们以前不曾注意过的细节。

1.2.1　学习计算机视觉结构图

　　对于相关的研究人员，可以把使用深度学习解决计算机视觉的问题归纳成一个结构关系图（如图 1-7 所示）。

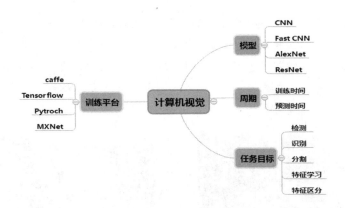

图 1-7 计算机视觉结构图

对于计算机视觉学习来说，选择一个好的训练平台是重中之重。因为对于绝大多数的学习者来说，平台的易用性以及便捷性往往决定着学习的成败。目前常用的是 TensorFlow、Caffe、PyTroch 等。

其次是模型的使用。自 2006 年深度学习的概念被确立以后，经过不断的探索与尝试，研究人员确立了模型设计是计算机视觉训练的核心内容，其中应用广泛使用的是 AlexNet、VGGNet、GoogleNet、ResNet 等。

除此之外，速度和周期也是需要考虑的一个非常重要的因素，如何使得训练速度更快，如何使用模型更快地对物体进行辨识，这是计算机视觉中非常重要的问题。

所有的模型设计和应用最核心的部分就是任务处理的对象，这里主要包括检测、识别、分割、特征点定位、序列学习 5 个大的任务，可以说任何计算机视觉的具体应用都是由这 5 个任务中的一个或者几个组合而成的。

1.2.2　计算机视觉的学习方式和未来趋势

"给计算机连上一个摄像头，让计算机描述它看到了什么。"这是计算机视觉作为一门学科被提出时就决定下来的目标，如今大量的研究人员为这个目标孜孜不倦地工作着。

拿出一张图片，上面是一只狗和一只猫，让一个人去辨识（如图 1-8 所示）。无论图片上的猫或者狗的形象与种类如何，人类总是能够精确地区分图片是猫还是狗。而把这种带有标注的图片送到神经网络模型中去学习，这种学习方式称为"监督学习"。

图 1-8　猫和狗

虽然目前来说，在监督学习的计算机视觉领域，深度学习取得了重大成果，但是相对于生物视觉学习和分辨方式的"半监督学习"和"无监督学习"，还有更多更重要的内容急需解决，比如视频里物体的运动、行为存在特定规律；在一张图片里，一个动物也是有特定的结构的，利用这些视频或图像中特定的结构可以把一个无监督的问题转化为一个有监督问题，然后利用有监督学习的方法来学习。这是计算机视觉的学习方式。

MIT 给机器"看电视剧"预测人类行为，MIT 的人工智能为视频配音，迪士尼研究院可以让 AI 直接识别视频里正在发生的事。除此之外，计算机视觉还可以应用在那些人类能力所限、感觉器官不能及的领域和单调乏味的工作上——在微笑瞬间自动按下快门，帮助汽车驾驶员泊车入位，捕捉身体的姿态与电脑游戏互动，工厂中准确地焊接部件并检查缺陷，忙碌的购物季节帮助仓库分拣商品，离开家时扫地机器人清洁房间，自动将数码照片进行识别分类。

或许在不久的将来（如图 1-9 所示），超市电子秤在称重的同时就能辨别出蔬菜的种类；门禁系统能分辨出是带着礼物的朋友，还是手持撬棒即将行窃的歹徒；可穿戴设备和手机帮助我们识别出镜头中的物体并搜索出相关信息。更奇妙的是，它还能超越人类双眼的感官，用声波、红外线来感知这个世界，观察云层的汹涌起伏预测天气，监测车辆的运行调度交通，甚至突破我们的想象，帮助理论物理学家分析超过三维的空间中物体的运动。

这些，似乎并不遥远。

图 1-9　计算机视觉的未来

1.3　本章小结

本书在写作的时候，应用深度学习作为计算机视觉的解决方案已经得到共识，深度神经网络已经明显地优于其他学习技术以及设计出的特征提取计算。神经网络的发展浪潮已经迎面而来，在过去的历史发展中，深度学习、人工神经网络以及计算机视觉大量借鉴和使用了人类以及其他生物视觉神经方面的知识和内容，而且得益于最新的计算机硬件水平的提高，更多的数据集的收集以及能够设计更深的网络计算，使得深度学习的普及性和应用性都有了非常快的发展。充分利用这些资源进一步提高使用深度学习进行计算机视觉的研究，并将其带到一个新的高度和领域是本书写作的目的和对读者的期望。

第 2 章

◀Python的安装与使用▶

"人生苦短,我用 Python"。

这是 Python 语言在自身宣传和推广中使用的口号,针对深度学习也是这样。对于相关研究人员,最直接、最简洁的需求就是将自己的想法从纸面进化到可以运行的计算机代码,在这个过程中,所需花费的精力越小越好。

Python 完全可以满足这个需求,在计算机代码的编写和实现过程中,Python 简洁的语言设计本身可以帮助用户避开没必要的陷阱,减少变量声明,随用随写,无须对内存进行释放,这些都极大地帮助了我们使用 Python 编写出需要的程序。

其次,Python 的社区开发成熟,有非常多的第三方类库可以使用。在本章中还会介绍 NumPy、PIL 以及 threading 三个主要的类库,这些开源的算法类库在后面的程序编写过程中会起到极大的作用。

最后,相对于其他语言,Python 有较高的运行效率,而且得益于 Python 开发人员的不懈努力,Python 友好的接口库甚至可以加速程序的运行效率,而无须去了解底层的运行机制。

"人生苦短,何不用 Python。"Python 让其使用者专注于逻辑和算法本身而无须纠结一些技术细节。Python 作为深度学习以及 TensorFlow 框架主要的编程语言,更需要读者去掌握与学习。

2.1 Python 基本安装和用法

Python 是深度学习的首选开发语言,但是对于安装来说,第三方提供了集成了大量科学计算类库的 Python 标准安装包,目前最常用的是 Anaconda。

Anaconda 里面集成了很多关于 Python 科学计算的第三方库,主要是安装方便,而 Python 是一个脚本语言,如果不使用 Anaconda,那么第三方库的安装会较为困难,各个库之间的依赖性就很难连接得很好。因此,这里推荐使用集合了大量第三方类库的安装程序 Anaconda 来替代 Python 的安装。

2.1.1　Anaconda 的下载与安装

1. 第一步：下载和安装

Anaconda 的下载地址是 https://www.continuum.io/downloads/，页面如图 2-1 所示。

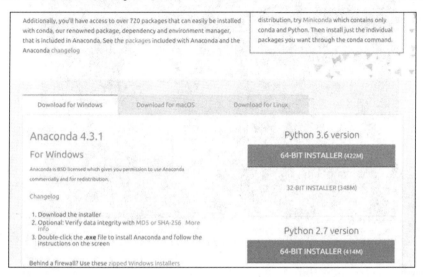

图 2-1　Anaconda 下载页面

目前下载的是 Anaconda 4.3.1 版本，里面集成了 Python 3.6。读者可以根据自己的操作系统进行下载。

这里作者选择的是 Windows 版本，下载之后双击运行即可安装，过程基本与其他软件一样。安装完成以后，出现程序面板，目录如图 2-2 所示。

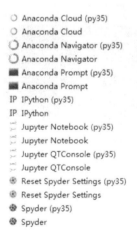

图 2-2　Anaconda 安装目录

2. 第二步：打开控制台

之后依次单击：开始→所有程序→Anaconda→Anaconda Prompt，打开窗口的效果如图 2-3

所示。这些步骤和打开 CMD 控制台类似，输入命令就可以控制和配置 Python。在 Anaconda 中最常用的是 conda 命令，这个命令可以执行一些基本操作。

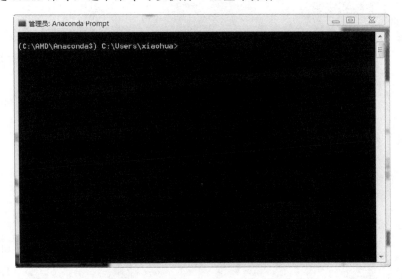

图 2-3　Anaconda Prompt 控制台

3. 第三步：验证 Python

在控制台中输入 python，会打印出版本号以及控制符号。然后在 Python 控制符号>>>后输入代码：

```
print("hello Python")
```

输入结果如图 2-4 所示。

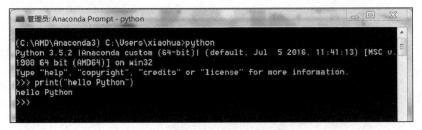

图 2-4　验证 Anaconda Python 安装成功

4. 第四步：使用 conda 命令

作者建议读者使用 Anaconda 的好处在于，它能够方便地帮助读者安装和使用大量第三方类库，查看已安装的第三方类库的命令是：

```
conda list
```

在 Anaconda Prompt 控制台中输入 exit()，或者重新打开 Anaconda Prompt 控制台后直接输入 conda list 代码，结果如图 2-5 所示。

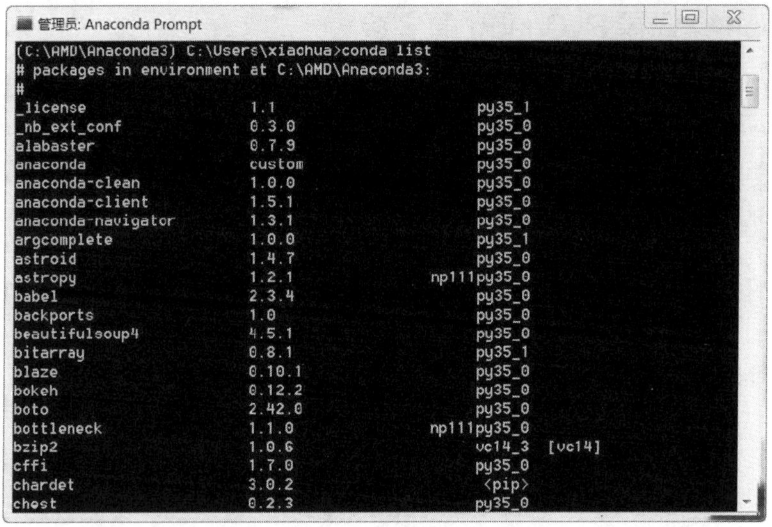

图 2-5　列出已安装的第三方类库

Anaconda 中使用 conda 进行操作的方法还有很多，其中最重要的是安装第三方类库，命令如下：

```
conda install name
```

这里的 name 是需要安装的第三方类库名，例如当需要安装 NumPy 包（这个包已经安装过），那么输入相应的命令就是：

```
conda install numpy
```

使用 Anaconda 的一个特别的好处就是可以自动安装包的依赖类库，如图 2-6 所示，这样大大减轻了使用者在安装和使用某个特定类库时碰到的依赖类库缺失的困难，使得后续工作顺利进行。

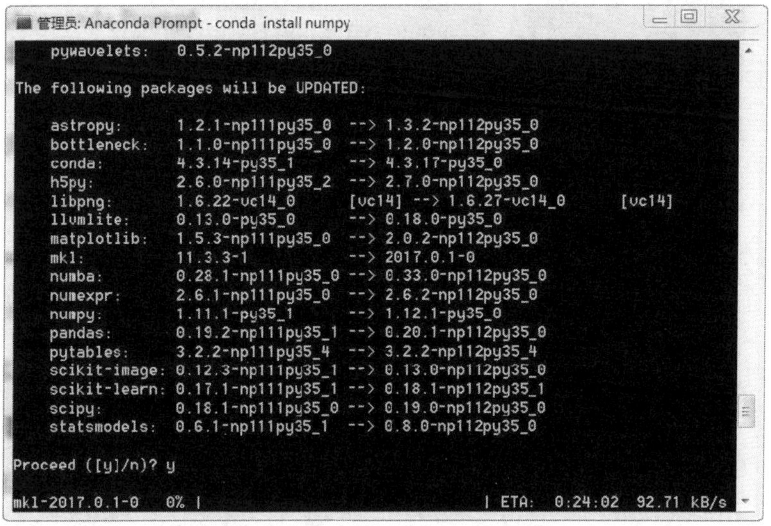

图 2-6　自动获取或更新依赖类库

2.1.2　Python 编译器 PyCharm 的安装

和其他语言类似，Python 程序的编写可以使用 Windows 自带的控制台进行。但是这种方式对于较为复杂的程序工程来说，容易混淆相互之间的层级和交互文件，因此在编写程序工程时，作者建议使用专用的 Python 编译器 PyCharm。

1.第一步：PyCharm 的下载和安装

PyCharm 的下载地址为 http://www.jetbrains.com/pycharm/。

进入 Download 页面后可以选择不同的版本，有收费的专业版和免费的社区版，如图 2-7 所示。这里作者建议读者选择免费的社区版即可。本书使用的版本为 2017.1.2。

图 2-7　PyCharm 的免费版

安装文件下载下来后，双击运行进入安装界面，直接单击 Next 按钮采用默认安装即可，如图 2-8 所示。

图 2-8　PyCharm 的安装文件

需要注意的是，在安装 PyCharm 的过程中需要对安装的位数进行选择，这里建议读者选择与所安装 Python 相同位数的文件，如图 2-9 所示。

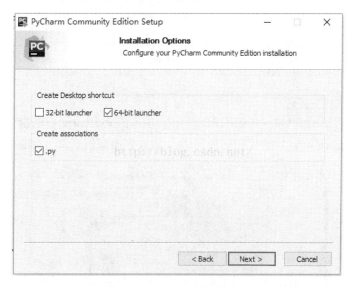

图 2-9　PyCharm 的位数选择

安装完成后出现 Finish 按钮，单击后完成安装，如图 2-10 所示。

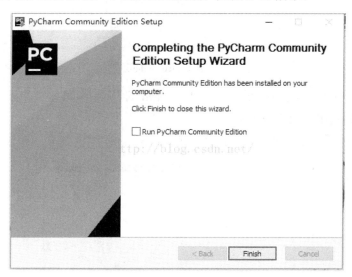

图 2-10　PyCharm 安装完成

2. 第二步：使用 PyCharm 创建程序

单击桌面上新生成的 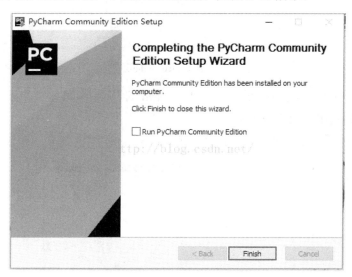 图标进入 PyCharm 程序界面，首先是第一次启动的定位，如图 2-11 所示。

图 2-11　PyCharm 启动定位

这里是对程序存储的定位，一般建议选择第二项，由 PyCharm 自动指定，单击 OK 按钮。之后单击弹出的 Accept 按钮，接受相应的协议，进入界面配置选项，如图 2-12 所示。

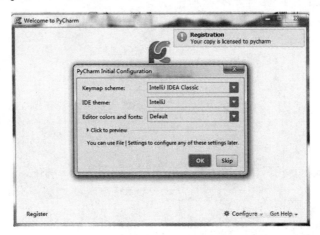

图 2-12　PyCharm 界面配置

在配置区域可以选择自己的使用风格对 PyCharm 的界面进行配置，如果对其不熟悉的话，直接单击 OK 按钮使用默认配置即可。

最后就是创建一个新的工程，如图 2-13 所示。

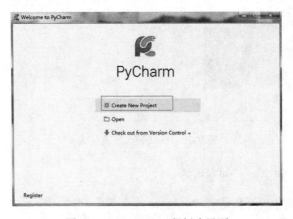

图 2-13　PyCharm 工程创建界面

在这里，建议读者新建一个 PyCharm 的工程文件，如图 2-14 所示。

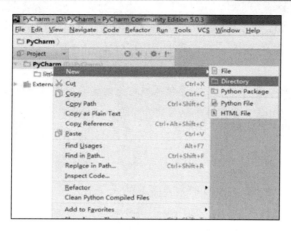

图 2-14　PyCharm 新建文件界面

之后右击新建的工程名"PyCharm"，在弹出的菜单中单击"new"|"Python File"新建一个"helloworld"文件，内容如图 2-15 所示。

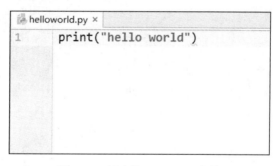

图 2-15　新建的 helloworld 文件

输入代码后，单击 run|run…菜单开始运行，或者直接右击"helloworld.py"后，在弹出的菜单中选择 run。如果成功输出"hello world"，那么恭喜你，Python 与 PyCharm 的配置就成功了！

2.1.3　使用 Python 计算 softmax 函数

对于 Python 科学计算来说，最简单的想法就是可以将数学公式直接表达成程序语言，可以说，Python 满足了这个想法。本小节将使用 Python 实现和计算一个深度学习中最为常见的函数——softmax 函数。至于这个函数的作用，现在暂时不做说明，作者只是带领读者尝试实现其程序的编写。

首先 softmax 计算公式如下所示：

$$S_i = \frac{e^{V_i}}{\sum_0^j e^{V_i}}$$

其中 V_i 是长度为 j 的数列 V 中的一个数，带入 softmax 的结果其实就是先对每一个 V_i 取 e

为底的指数计算变成非负，然后除以所有项之和进行归一化，之后每个 V_i 就可以解释成观察到的数据 V_i 属于某个类别的概率，或者称作似然（Likelihood）。

 softmax 用以解决概率计算中概率结果大占绝对优势的问题。例如函数计算结果中的 2 个值 a 和 b，且 a>b，如果简单地以值的大小为单位衡量的话，那么在后续的使用过程中，a 永远被选用，而 b 由于数值较小而不会被选择，但是有时也需要数值小的 b 被使用，那么 softmax 就可以解决这个问题。

softmax 按照概率选择 a 和 b，由于 a 的概率值大于 b，在计算时 a 经常会被取得，而 b 由于概率较小，取得的可能性也较小，但是也有概率被取得。

公式 softmax 的代码如下所示：

```python
import numpy
def softmax(inMatrix):
    m,n = numpy.shape(inMatrix)
    outMatrix = numpy.mat(numpy.zeros((m,n)))
    soft_sum = 0
    for idx in range(0,n):
        outMatrix[0,idx] = math.exp(inMatrix[0,idx])
        soft_sum += outMatrix[0,idx]
    for idx in range(0,n):
        outMatrix[0,idx] = outMatrix[0,idx] / soft_sum
    return outMatrix
```

可以看到，当传入一个数列后，分别计算每个数值所对应的指数函数值，之后将其相加后计算每个数值在数值和中的几率。

$$a = numpy.array([[1,2,1,2,1,1,3]])$$

结果如下所示：

```
[[ 0.05943317  0.16155612  0.05943317  0.16155612  0.05943317  0.05943317
   0.43915506]]
```

2.2 TensorFlow 类库的下载与安装 (基于 CPU 模式)

对于 TensorFlow 的安装来说，由于在前面已指导读者使用 Anaconda 进行 Python 环境的配置。TensorFlow 的安装就非常简便了。

首先打开 Anaconda 安装目录中的 Anaconda Prompt，如图 2-16 所示。

图 2-16　Anaconda Prompt 控制台

在控制台中直接输入如下命令：

```
pip install tensorflow==1.9.0
```

之后将自动根据你所安装的 Anaconda 环境，安装对应的 TensorFlow 1.9.0 类库。等待提示安装成功即可。注意，本书代码均能成功运行在 TensorFlow 1.9.0 版本下，如果读者需要使用 TensorFlow 2.0 以上版本，请自行修改代码。

安装完成以后输入如下命令行：

```
conda list
```

在显示的目录中找到 tensorflow，可以查看对应的版本号，如图 2-17 所示。

图 2-17　测试程序 tensorflow 安装目录

需要验证 TensorFlow 安装的情况，首先打开 PyCharm，新建一个 hello tensorflow 的 Python 文件，代码如程序 2-1 所示。

【程序 2-1】

```
import tensorflow as tf
hello = tf.constant("hello tensorflow")
sess = tf.Session()
```

```
print(sess.run(hello))
```

打印结果为：b'hello tensorflow'。

2.3 TensorFlow 类库的下载与安装 (基于 GPU 模式)

2.2 节中安装的是基于 CPU 模式的 TensorFlow 类库，这也是一般默认安装的 TensorFlow 模式，而往往在进行大规模数据计算时需要安装基于 GPU 模式的 TensorFlow，输入如下代码：

```
pip install tensorflow-gpu==1.9.0
```

等待提示成功后即可认为基于 GPU 模式的 TensorFlow 安装完毕。但是如果需要真正使用 GPU 模式对数据进行处理，除了安装 tensorflow-gpu 库包以外，还需要安装 CUDA 与 cuDNN，这是 NVIDIA 为了使用 GPU 进行程序运算专门提供的工具包。

2.3.1 CUDA 配置

由于本书使用的是最新的 tensorflow-gpu 版本，其对应 cuda 9.0.dll，因此就要下载 cuda 9.0 对应 Windows 版本的安装文件。

（1）下载地址：https://developer.nvidia.com/cuda-90-download-archive。

（2）下一步是选择下载的版本（如图 2-18 所示），这里 NVIDIA 提供了多种版本，请读者自行选择对应的操作系统以及版本号。

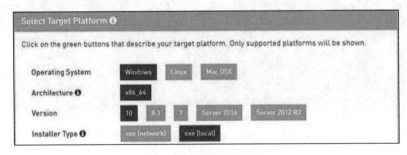

图 2-18　选择的版本号

（3）还需注意最后的 Installer Type 选项，exe（network）是在线安装版（如图 2-19 所示），也就是执行这个安装程序需要联网。exe（local）是离线安装版（如图 2-20 所示），这个文件比较大。选完后，单击下面的 Download 按钮就可以下载。

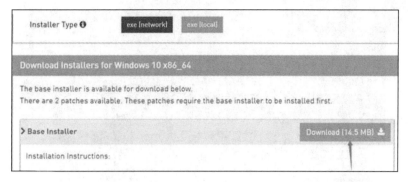

图 2-19　在线安装程序

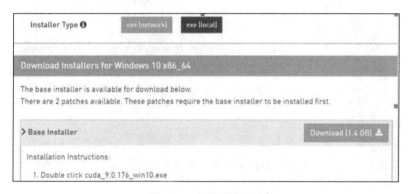

图 2-20　离线下载程序

（4）下载完成后，双击运行文件然后单击 OK 按钮，等进度条走完，就会进入安装界面，如图 2-21 所示。

图 2-21　进入安装界面

（5）之后继续下一步，进入加载界面，如图 2-22 所示。

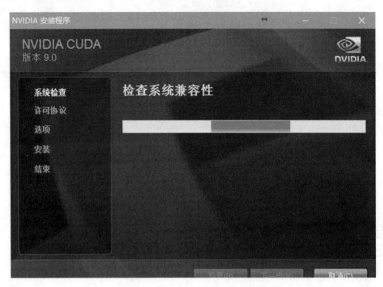

图 2-22　进入加载界面

（6）检查系统兼容性，如果检测通过了，那么恭喜你，你的显卡可以安装 CUDA，如果没有通过，只能抱歉地告诉你，只能 pip uninstall tensorflow-gpu，然后执行 pip install tensorflow，这种情况是你的电脑显卡不支持 tensorflow-gpu 加速。

（7）之后是软件许可协议，如图 2-23 所示，单击"同意并继续"按钮。

图 2-23　软件许可协议

（8）此时出现安装选项，如图 2-24 所示。选中"精简"单选按钮，然后单击"下一步"按钮，之后等待安装完成即可。

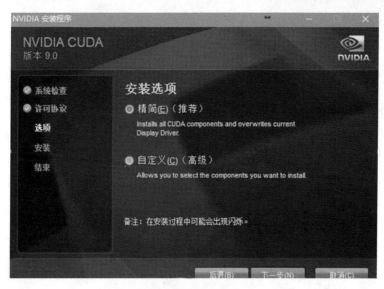

图 2-24　选择安装模式

（9）完成后，在环境变量检查 PATH 路径。在计算机桌面上的"计算机"图标上右击，打开属性→高级系统设置→环境变量，发现已经有 CUDA_PATH 和 CUDA_PATH_V9_0 两个环境变量。

CUDA_PATH 是 C:\Program Files\NVIDIA GPU Computing Toolkit\CUDA9.0，仅仅如此是不够的，还需要在环境变量里的 PATH 全局变量中加入 bin 和 lib\x64 目录的路径：

```
CUDA_SDK_PATH = C:\ProgramData\NVIDIA Corporation\CUDA Samples\v9.0
CUDA_LIB_PATH = %CUDA_PATH%\lib\x64
CUDA_BIN_PATH = %CUDA_PATH%\bin
CUDA_SDK_BIN_PATH = %CUDA_SDK_PATH%\bin\win64
CUDA_SDK_LIB_PATH = %CUDA_SDK_PATH%\common\lib\x64
```

打开 cmd，输入 $ nvcc　-V 可以验证 CUDA 的安装是否成功。

2.3.2　cuDNN 配置

对于 TensorFlow 而言，真正实现加速的是 cuDNN，cuDNN 调用的是 CUDA 显卡驱动。所以最后我们要配置 cuDNN 这个模块。

cuDNN 的全称为 NVIDIA CUDA Deep Neural Network library，是 NVIDIA 专门针对深度神经网络（Deep Neural Networks）中的基础操作而设计的基于 GPU 的加速库。cuDNN 为深度神经网络中的标准流程提供了高度优化的实现方式，例如 convolution、pooling、normalization以及 activation layers 的前向以及后向过程。

cuDNN 只是 NVIDIA 深度神经网络软件开发包中的其中一种加速库。想了解 NVIDIA 深度神经网络加速库中的其他包，请访问链接 https://developer.nvidia.com /deep-learning-software。

下面我们说一下正确安装 cuDNN 的方式，其实按官方安装说明进行安装就可以了。

21

（1）从 https://developer.nvidia.com/cudnn 上下载 cuDNN 相应版本的压缩包（可能需要注册或登录）。

（2）如果这个压缩包不是.tgz 格式的，把这个压缩包重命名为.tgz 格式。解压当前的.tgz 格式的软件包到系统中的任意路径，解压后的文件夹名为 CUDA。文件夹中包含三个子文件夹：一个为 include；一个为 lib；还有一个是 bin。

（3）复制上述 3 个文件夹到 CUDA_PATH 指定的路径下面（见图 2-25）。检查一下环境变量中是否有 lib/x64 文件夹的配置，这一步很重要。

图 2-25　解压后的 cuDNN 文件

（4）之后仿照上一节的代码对其进行验证。这里需要注意的是，第一次使用 tensorflow-gpu 模式进行处理的时候，由于需要对显卡进行甄别，加载的速度较慢，同时打印的内容也较多，如图 2-26 所示。

```
2018-08-13 08:09:40.218551: I T:\src\github\tensorflow\tensorflow\core\common_runtime\gpu\gpu_device.cc:1392] Found device 0 with properties:
name: GeForce GTX 750 Ti major: 5 minor: 0 memoryClockRate(GHz): 1.1105
pciBusID: 0000:01:00.0
totalMemory: 2.00GiB freeMemory: 1.24GiB
2018-08-13 08:09:40.218551: I T:\src\github\tensorflow\tensorflow\core\common_runtime\gpu\gpu_device.cc:1471] Adding visible gpu devices: 0
2018-08-13 08:09:42.588686: I T:\src\github\tensorflow\tensorflow\core\common_runtime\gpu\gpu_device.cc:952] Device interconnect StreamExecutor
2018-08-13 08:09:42.588686: I T:\src\github\tensorflow\tensorflow\core\common_runtime\gpu\gpu_device.cc:958]      0
2018-08-13 08:09:42.588686: I T:\src\github\tensorflow\tensorflow\core\common_runtime\gpu\gpu_device.cc:971] 0:   N
2018-08-13 08:09:42.589686: I T:\src\github\tensorflow\tensorflow\core\common_runtime\gpu\gpu_device.cc:1084] Created TensorFlow device (/job:lo
b'hello tensorflow'
```

图 2-26　第一次加载 tensorflow-gpu 模式

2.4 OpenCV 类库的下载与安装

OpenCV 是专属 Python 的视觉程序包，OpenCV 的安装较为复杂，从一般的资料上看，可能读者需要先安装其他附属的工具包，但是实际上并不需要如此，对于一般使用者来说，最好的方法就是直接安装其他程序设计人员编译好的 whl 安装文件。

（1）首先下载编译好的 OpenCV 类库安装文件，下载地址为：http://www.lfd.uci.edu/~gohlke/pythonlibs。之后使用 Ctrl+F 组合键，以 OpenCV 为关键词进行搜索，可以搜索到已编译好的、以 whl 为后缀的 OpenCV 安装文件，这是 pip 使用的安装文件，如图 2-27 所示。

OpenCV, a real time computer vision library.
opencv_python-2.4.13.5-cp27-cp27m-win32.whl
opencv_python-2.4.13.5-cp27-cp27m-win_amd64.whl
opencv_python-3.1.0-cp34-cp34m-win32.whl
opencv_python-3.1.0-cp34-cp34m-win_amd64.whl
opencv_python-3.4.2+contrib-cp35-cp35m-win32.whl
opencv_python-3.4.2+contrib-cp35-cp35m-win_amd64.whl
opencv_python-3.4.2+contrib-cp36-cp36m-win32.whl
opencv_python-3.4.2+contrib-cp36-cp36m-win_amd64.whl
opencv_python-3.4.2+contrib-cp37-cp37m-win32.whl
opencv_python-3.4.2+contrib-cp37-cp37m-win_amd64.whl
opencv_python-3.4.2-cp35-cp35m-win32.whl
opencv_python-3.4.2-cp35-cp35m-win_amd64.whl
opencv_python-3.4.2-cp36-cp36m-win32.whl
opencv_python-3.4.2-cp36-cp36m-win_amd64.whl
opencv_python-3.4.2-cp37-cp37m-win32.whl
opencv_python-3.4.2-cp37-cp37m-win_amd64.whl

图 2-27　选择 OpenCV 的类库包

（2）在这里，whl 文件为编译好的 Python 类库安装文件，可以根据读者安装的 Python 版本与 OpenCV 的最新版本下载对应的 whl 文件。

安装了 Anaconda 的读者，可以直接打开 Anaconda Prompt 输入安装 whl 文件的命令，代码如下：

```
pip install C://XXX/CCC/OpenCV_python-3.4.2-cp36-cp36m-win_amd64.whl
```

后面的地址是下载的 whl 文件在本地计算机存储的地址，即通过命令行形式使用 pip 安装本地的 whl 文件，读者可以自行选择安装地址。

（3）安装结束后，打开 PyCharm，新建一个名为 Opencv_TEST 的文件，如图 2-28 所示。

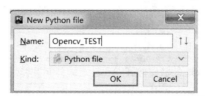

图 2-28　新建 OpenCV 的测试程序

输入如下代码进行测试：

【程序 2-2】

```
import cv2
```

```
jpg = cv2.imread("1.jpg")
cv2.imshow("test.jpg",jpg)
cv2.waitKey()
```

其中"1.jpg"是保存在程序文件同一目录下的图片,而 imshow 函数是 cv2 显示图片的函数,其作用是将以矩阵形式保存的图片显示出来,waitKey 函数是等待函数,只有等待键盘触及后才能关闭显示的图片。

具体结果请读者自行完成。

2.5 Python 常用类库中的 threading

除了前面介绍的本书必须使用的两个类库 ThensorFlow 与 OpenCV,Python 还提供了多种多样的用于不同目的和方向的类库。

Python 常用类库参见表 2-1。

表 2-1 Python 常用类库

分 类	名 称	库 用 途
科学计算	Matplotlib	用 Python 实现的类 matlab 的第三方库,用以绘制一些高质量的数学二维图形
	SciPy	基于 Python 的 matlab 实现,旨在实现 matlab 的所有功能
	NumPy	基于 Python 的科学计算第三方库,提供了矩阵、线性代数、傅立叶变换等的解决方案
GUI	PyGtk	基于 Python 的 GUI 程序开发 GTK+库
	PyQt	用于 Python 的 QT 开发库
	WxPython	Python 下的 GUI 编程框架,与 MFC 的架构相似
	Tkinter	Python 下标准的界面编程包,因此不算是第三方库
其他	BeautifulSoup	基于 Python 的 HTML/XML 解析器,简单易用
	PIL	基于 Python 的图像处理库,功能强大,对图形文件的格式支持广泛
	MySQLdb	用于连接 MySQL 数据库
	cElementTree	高性能 XML 解析库,Py2.5 应该已经包含了该模块,因此不算是一个第三方库
	PyGame	基于 Python 的多媒体开发和游戏软件开发模块
	Py2exe	将 Python 脚本转换为 Windows 上可以独立运行的可执行程序
	pefile	Windows PE 文件解析器

表 2-1 给出了 Python 中常用类库的名称和说明,到目前为止,Python 中已经有 7000 多个可以使用的类库可供计算机工程人员以及科学研究人员使用。

2.5.1 threading 库的使用

对于希望充分利用计算机性能的程序设计者来说,多线程的应用是必不可少的一个重要技能。多线程类似于使用计算机的一个核心执行多个不同任务。多线程的好处如下:

- 使用线程可以把需要使用大量时间的计算任务放到后台去处理。
- 减少资源占用,加快程序的运行速度。
- 在传统的输入输出以及网络收发等普通操作上,后台处理可以美化当前界面,增加界面的人性化。

本节将详细介绍 Python 中操作线程的模块:threading,相对于 Python 既有的多线程模块 thread,threading 重写了部分 API 模块,对 thread 进行了二次封装,从而大大提高了执行效率。

2.5.2 threading 模块中最重要的 Thread 类

Thread 是 threading 模块中最重要的类之一,可以使用它来创造线程。其具体使用方法是创建一个 threading.Thread 对象,在它的初始化函数中将需要调用的对象作为初始化参数传入,具体代码如程序 2-3 所示。

【程序 2-3】

```
#coding = utf8
import threading,time
count = 0
class MyThread(threading.Thread):
    def __init__(self,threadName):
        super(MyThread,self).__init__(name = threadName)

    def run(self):
        global count
        for i in range(100):
            count = count + 1
            time.sleep(0.3)    print(self.getName() , count)

for i in range(2):
    MyThread("MyThreadName:" + str(i)).start()
```

在上面定义的 MyThread 类中,重写了从父对象继承的 run 方法,run 方法中,将一个全局变量逐一增加,在接下来的代码中,创建了 5 个独立的对象,分别调用其 start 方法,最后将结果逐一打印。

可以看到在程序中,每个线程被赋予了一个名字,然后设置每隔 0.3 秒打印输出本线程的计数,即计数加 1。而 count 被人为地设置成全局共享变量,因此在每个线程中都可以自由地对其进行访问。

程序运行结果如图 2-29 所示。

```
MyThreadName:0 2
MyThreadName:1 2
MyThreadName:1 4
MyThreadName:0 4
MyThreadName:1 6
MyThreadName:0 6
MyThreadName:1 8
MyThreadName:0 8
```

图 2-29　程序运行结果

通过上面的结果可以看到，每个线程被起了一个对应的名字，而在运行的时候，线程所计算的计数被同时增加，这样可以证明，在程序运行过程中，2 个线程同时对一个数进行操作，并将其结果进行打印。

> 其中的 run 方法和 start 方法并不是 threading 自带的方法，而是从 Python 本身的线程处理模块 Thread 中继承来的。run 方法的作用是在线程被启动以后，执行预先写入的程序代码。一般而言，run 方法所执行的内容被称为 Activity，而 start 方法是用于启动线程的方法。

2.5.3　threading 中的 Lock 类

虽然线程可以在程序的执行过程中极大地提高程序的执行效率，但是其带来的影响却难以忽略。例如在上一个程序中，由于每隔一定时间打印当前的数值，应该逐次打印的数据却变成了 2 个相同的数值被打印出来，因此需要一个能够解决这类问题的方案出现。

Lock 类是 threading 中用于锁定当前线程的锁定类，顾名思义，其作用是对当前运行中的线程进行锁定，只有被当前线程释放后，后续线程才可以继续操作。

```python
import threading
lock = threading.Lock()
lock.acquire()
lock.release()
```

类中主要代码如上所示。acquire 方法提供了确定对象被锁定的标志，release 在对象被当前线程使用完毕后将当前对象释放。修改后的代码如程序 2-4 所示。

【程序 2-4】

```python
#coding = utf8
import threading,time,random


count = 0
class MyThread (threading.Thread):

    def __init__(self,lock,threadName):
        super(MyThread,self).__init__(name = threadName)
```

```
    self.lock = lock

def run(self):
    global count
    self.lock.acquire()
    for i in range(100):
        count = count + 1
        time.sleep(0.3)
        print(self.getName() , count)
    self.lock.release()

lock = threading.Lock()
for i in range(2):
    MyThread (lock,"MyThreadName:" + str(i)).start()
```

可以看到 Lock 被传递给 MyThread，并在 run 方法中人为锁定当前的线程，必须等当前线程执行完毕后，后续的线程才可以继续执行。程序执行结果如图 2-30 所示。

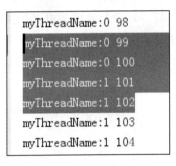

图 2-30　程序运行结果

可以看到，其中变色的部分，线程 2 只有等线程 1 完全结束后，才执行后续的操作。本程序中，Thread1 等到 Thread0 完全结束后，才执行自己的操作。

2.5.4　threading 中的 join 类

join 类是 threading 中用于堵塞当前主线程的类，其作用是阻止全部的线程继续运行，直到被调用的线程执行完毕或者超时。具体代码如程序 2-5 所示。

【程序 2-5】

```
import threading, time
def doWaiting():
    print('start waiting:', time.strftime('%S'))
    time.sleep(3)
    print('stop waiting', time.strftime('%S'))
    thread1 = threading.Thread(target = doWaiting)
    thread1.start()
```

```
time.sleep(1)                    #确保线程 thread1 已经启动
print('start join')
thread1.join()                   #将一直堵塞，直到 thread1 运行结束
print('end join')
```

程序的运行结果如图 2-31 所示。

```
start waiting: 29
start join
stop waiting 32
end join
```

图 2-31　程序运行结果

其中的 time 方法设定了当前的时间，当 join 启动后，堵塞了调用整体进程的主进程，而只有当被堵塞的进程执行完毕后，后续的进程才继续执行。

除此之外，对于线程的使用，Python 还有很多其他的方法，例如 threading.Event 以及 threading.Condition 等，这些都是在程序设计时能够极大地帮助程序设计人员编写合适程序的工具。限于篇幅，这里不再一一进行介绍，读者可以参考相关图书，在后续的使用过程中，作者会带领读者了解和掌握更多的相关内容。

2.6　本章小结

本章介绍了 Python 的基本安装和编译器的使用。在这里推荐读者使用 PyCharm 免费版作为 Python 编辑器，这有助于更好地安排工程文件的配置和程序的编写。本章还介绍了全书最重要的两个类库：TensorFlow 和 OpenCV 的下载和安装。

同时，本章还介绍了最常用的一些类库，这里只是对线程类做了详细的介绍，线程类是 Python 最为重要的一个类库，在后面的代码编写中会频繁遇到。

本章是 Python 最基础的内容，后面的章节还将以 Python 使用为主，并且还会介绍更多的 Python 类库，希望读者能够掌握相关内容。

第 3 章

◀ Python数据处理及可视化 ▶

前面章节中对 Python 的安装做了一个基本的介绍，并且建议读者使用 PyCharm 免费版作为使用 Python 编写程序的编译器。相对于使用控制台或自带的编译器，可以更加直观和明晰化地对所构建的工程做出层次安排。

本章将使用 Python 对数据的处理和可视化做出介绍，主要向读者介绍 Python 的使用，并对第 3 章中深度学习使用的一些算法做出复写，同时也向读者介绍第三方类库的使用，对于大多数的 Python 程序设计，建议读者使用已有的类库来解决问题，而不是自行编写相应的代码。这是初学者非常易犯的错误，对于 Python 来说，大多数的类库都是在底层使用效率更高的 C 语言实现，并且由经验丰富的程序设计人员编写，因此不建议读者自行设计和完成相应的程序。

"人生苦短，我用 Python！编程复杂，请用类库！"

3.1 从小例子起步——NumPy 的初步使用

从小例子起步，本节将介绍 NumPy 的基础使用。

3.1.1 数据的矩阵化

对于机器学习来说，数据是一切的基础。一切数据又不是单一的存在，其构成往往由很多的特征值所决定。表 3-1 是用以计算回归分析的房屋面积与价格对应表，这里加上了每个房屋中地下室的有无。

表 3-1　某地区房屋面积与价格对应表

价格/千元	面积/平方米	卧室/个	地下室
200	105	3	无
165	80	2	无
184.5	120	2	无
116	70.8	1	无
270	150	4	有

表 3-1 是数据的一般表示形式，但是对于机器学习的过程来说，这是不可辨识的数据，因

此需要对其进行调整。

常用的机器学习表示形式为数据矩阵，即可以将表 3-1 表示为一个专门的矩阵形式，见表 3-2。

表 3-2　某地区房屋面积与价格计算矩阵

ID	Price	Area	Bedroom	Basement
1	200	105	3	False
2	165	80	2	False
3	184.5	120	2	False
4	116	70.8	1	False
5	270	150	4	True

从表 3-2 中可以看到，一行代表一个单独的房屋价格和对应的特征属性。第一列是 ID，即每行的标签。标签是独一无二的，一般不会有重复出现。第二列是价格，一般被称为矩阵的目标。目标可以是单纯的数字，也可以是布尔变量或者一个特定的表示。表 3-2 中的标签是房屋的价格，是一个数字标签。第 2、3、4 列是属性值，也是标签所对应的特征值，根据此特征值的不同，每行所对应的目标也是有所不同的。

不同的 ID 用于表示不同的目标。一般来说，机器学习的最终目的就是使用不同的特征属性对目标进行区分和计算。已有的目标是观察和记录的结果，而机器学习的过程就是创建一个可进行目标识别的模型的过程。

建立模型的过程称为机器学习的训练过程，其速度和正确率主要取决于算法的选择，而算法是目标和属性之间建立某种一一对应的关系的过程。这点在前面介绍机器学习过程的时候已经有所介绍。

继续回到表 3-2 的矩阵中。通过观察可知，矩阵中所包含的属性有两种，分别是数值型变量和布尔型变量。其中第 2、3、4 列是数值变量，这也是机器学习中最常使用和辨识的类型。第 5 列是布尔型变量，用以标识对地下室存在的判定。

这样做的好处在于，机器学习在工作时是根据采用的算法进行建模的，算法的描述只能对数值型变量和布尔型进行处理，而对于其他类型的变量处理相对较少。即使后文有针对文字进行处理的机器学习模型，其本质也是将文字转化成矩阵向量进行处理，这一点将在后文继续介绍。

当机器学习建模的最终目标是求得一个具体数值时，即目标是一个数字，那么机器学习建模的过程基本上可以被转化为回归问题。差别在于是逻辑回归还是线性回归。

当目标为布尔型变量时，问题大多数被称为分类问题，而常用的建模方法是第 4 章中介绍的决策树方法。一般来说，当分类的目标是两个的时候，问题被转化为二元分类；而分类的结果多于两个的时候，分类称为多元分类。

许多情况下，机器学习建模和算法的设计是由程序设计和研究人员所选择的，而具体采用何种算法和模型也没有一定的要求。回归问题可以被转化为分类问题，而分类问题往往也可以由建立的回归模型解决。这点没有特定的要求。

3.1.2　数据分析

对于数据来说，在进行机器学习建模之前，需要对数据进行基本的分析和处理。

从图 3-1 可以看到，对于数据集来说，在进行数据分析之前，需要知道很多东西。首先需要知道的是一个数据集的数据多少和每个数据所拥有的属性个数，对于程序设计人员和科研人员来说，这些都是简单的事；但是对于机器学习的模型来说，是必不可少的内容。

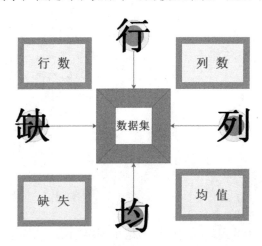

图 3-1　数据分析的要求

除此之外，对于数据集来说，缺失值的处理也是一个非常重要的操作。最简单的处理方法是对有缺失值的数据进行整体删除。问题在于，机器学习的数据往往来自于现实社会中，因此可能数据集中大多数的数据都会存在某些特征属性缺失，解决的办法往往是采用均值或者与目标数据近似的数据特征属性替代。有些情况下替代方法是可取的，有些情况下替代或者采用均值的办法处理缺失值是不可取的，因此要根据具体情况具体处理。

首先从一个小例子开始。以表 3-2 的矩阵为例，建立一个包含有数据集的数据矩阵，之后可以利用不同的方法对其进行处理。第一个代码如程序 3-1 所示。

【程序 3-1】

```
import numpy as np
data = np.mat([[1,200,105,3,False],[2,165,80,2,False],
          [3,184.5,120,2,False],[4,116,70.8,1,False],[5,270,150,4,True]])
row = 0
for line in data:
    row += 1
print( row )
print( data.size)
```

程序 3-1 第一行引入了 Anaconda 自带的一个数据矩阵化的包。对于 NumPy，读者只需要知道 NumPy 系统是 Python 的一种开源数值计算扩展。这种工具可用来存储和处理大型矩阵，比 Python 自身的嵌套列表（nested list structure）结构要高效得多。

第一行代码的意思是引入 NumPy 将其重命名为 np 使用，第二行使用 NumPy 中的 mat()

方法建立一个数据矩阵，row 是引入的计算行数的变量，使用 for 循环将 data 数据读出到 line 中，每读一行就将 row 的计数加一。data.size 是计算数据集中全部数据的数据量，一般与行数相除则为列数。最终打印结果请读者自行打印测试。

需要说明的是，NumPy 将数据转化成一个矩阵的形式进行处理，其中具体的数据可以通过二元的形式读出，如程序 3-2 所示。

【程序 3-2】

```
import numpy as np
data = np.mat([[1,200,105,3,False],[2,165,80,2,False],
               [3,184.5,120,2,False],[4,116,70.8,1,False],[5,270,150,4,True]])

print( print( data[0,3]))
print( print( data[0,4] ))
```

最终打印结果如下：

```
3.0
0.0
```

细心的读者可能已经注意到，[0,3]对应的是矩阵中第 1 行第 4 列数据，其数值为 3，而打印结果为 3.0，这个没什么问题。对于[0,4]数据，矩阵中是 False 的布尔类型，而打印结果是 0。这点涉及 Python 的语言定义，其布尔值可以近似地表示为 0 和 1。即读者需要注意：

```
True = 1.0
False = 0
```

如果需要打印全部的数据集，即可调用如下方法：

```
Print( data)
```

将全部的数据以一个数据的形式进行打印，请读者自行打印测试。

3.1.3 基于统计分析的数据处理

除了最基本的数据记录和提取外，机器学习还需要知道一些基本数据的统计量，例如每一类型数据的均值、方差以及标准差等。当然在本书中并不需要手动或者使用计算器去计算以上数值，NumPy 提供了相关方法。程序如下所示。

【程序 3-3】

```
import numpy as np
data = np.mat([[1,200,105,3,False],[2,165,80,2,False],
               [3,184.5,120,2,False],[4,116,70.8,1,False],[5,270,150,4,True]])

col1 = []
for row in data:
    col1.append(row[0,1])
```

```
print( np.sum(col1))
print( np.mean(col1)    )
print( np.std(col1))
print( np.var(col1))
```

在上面的代码中，col1 生成了一个空的数据集，之后采用 for 循环将数据集进行填充。在程序 3-3 中第一列数据被填入 col1 数据集中，这也是一个类型数据的集合，之后依次计算数据集的和、均值、标准差以及方差，这些对于机器学习模型的建立有一定的帮助。

3.2　图形化数据处理——Matplotlib 包的使用

对于单纯的数字来说，光从读数据的角度并不能直观反映数字的偏差和集中程度，因此需要采用另外一种方法更好地分析数据。对于数据来说，没有什么能够比用图形来解释更为形象和直观的了。

3.2.1　差异的可视化

继续回到表 3-2 的数据，第二列是各个房屋的价格，其价格并不相同，因此直观地查看价格的差异和偏移程度是较为困难的一件事。

研究数值差异和异常的方法是绘制数据的分布程度，相对于合适的直线或曲线，其差异程度如何，以便帮助确定数据的分布。

【程序 3-4】

```
import numpy as np
import pylab
import scipy.stats as stats

data = np.mat([[1,200,105,3,False],[2,165,80,2,False],
               [3,184.5,120,2,False],[4,116,70.8,1,False],[5,270,150,4,True]])


col1 = []
for row in data:
    col1.append(row[0,1])

stats.probplot(col1,plot=pylab)
pylab.show()
```

结果如图 3-2 所示。

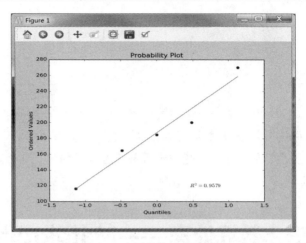

图 3-2　房屋价格的偏离展示

程序 3-4 展示了一个对价格的偏离程度的代码实现，col1 集合是价格的合集，scipy 是专门的机器学习的数据处理包，probplot 计算了 col1 数据集中数据在正态分布下的偏离程度。从图 3-2 可以看到，价格围绕一条直线上下波动，有一定的偏离，但是偏离情况不太明显。

其中 R（为 0.9579）指的是数据拟合的相关性，一般 0.95 以上就可以认为数据拟合程度比较好。

3.2.2　坐标图的展示

通过上文第一个对回归的可视化处理可以看到，可视化能够让数据更加直观地展现出来，同时可以对数据的误差表现得更为直观。

图 3-3 展示了一个横向坐标图，用以展示不同类别所占的比重。系列 1、2、3 可以分别代表不同的属性，类别 1~6 可以看作 6 个不同的特例。通过坐标图的描述可以非常直观地看到，不同的类别中不同的属性所占的比重如何。

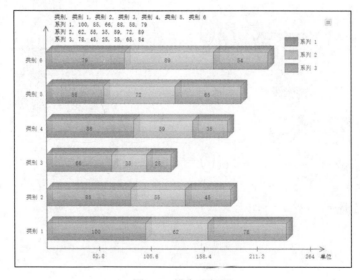

图 3-3　横向坐标图

可以看到，一个坐标图能够对数据进行展示，其最基本的要求是可以通过不同的行或者列表现出数据的某些具体值，不同的标签使用不同的颜色和样式以展示不同的系统关系。程序 3-5 展示对于不同目标的数据提取不同的行进行显示的代码。

【程序 3-5】
```
import pandas as pd
import matplotlib.pyplot as plot
rocksVMines = pd.DataFrame([[1,200,105,3,False],[2,165,80,2,False],

[3,184.5,120,2,False],[4,116,70.8,1,False],[5,270,150,4,True]])

dataRow1 = rocksVMines.iloc[1,0:3]
dataRow2 = rocksVMines.iloc[2,0:3]
plot.scatter(dataRow1, dataRow2)
plot.xlabel("Attribute1")
plot.ylabel(("Attribute2"))
plot.show()

dataRow3 = rocksVMines.iloc[3,0:3]
plot.scatter(dataRow2, dataRow3)
plot.xlabel("Attribute2")
plot.ylabel("Attribute3")
plot.show()
```

从图 3-4 可以看出，通过选定不同目标行中不同的属性，可以对其进行较好的衡量并比较两行之间的属性关系以及属性之间的相关性。不同的目标，即使属性千差万别，也可以构建相互关系图。

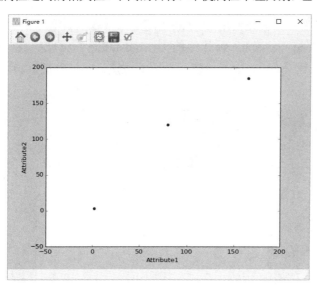

图 3-4　不同目标属性之间的关系

顺带说一句，本例中采用的数据较少，一般随着数据增加，属性之间会呈现一种正态分布，这一点可以请读者自行验证。

程序 3-5 可以得到两幅图，第一幅图请读者自行查看，建议与第一幅进行比较。

3.2.3 玩个大的数据集

现在开始玩个大的数据集。

对于大规模数据来说，涉及的目标比较多，并且属性特征值比较多，对其查看会是非常复杂的。因此，为了更好地理解和掌握大数据的分布，将其转化成可视性较强的图形显然是更好的做法。

前面对小数据集进行了图形化查阅，现在对现实中的数据进行处理。

数据来源于真实的信用贷款数据，从 50000 个数据记录中随机选取 200 个数据进行计算，而每个数据又有较多的属性值。大多数情况下，数据是以 csv 格式进行存储的，pandas 包同样提供了相关读取程序。具体代码见程序 3-6。

【程序 3-6】
```python
import pandas as pd
import matplotlib.pyplot as plot
filePath = ("c://dataTest.csv")
dataFile = pd.read_csv(filePath,header=None, prefix="V")

dataRow1 = dataFile.iloc[100,1:300]
dataRow2 = dataFile.iloc[101,1:300]
plot.scatter(dataRow1, dataRow2)
plot.xlabel("Attribute1")
plot.ylabel("Attribute2")
plot.show()
```

从程序 3-6 可以看出，首先使用 filePath 创建了一个文件路径，用以建立数据地址。之后使用 pandas 自带的 read_csv 读取 csv 格式的文件。dataFile 是读取的数据集，之后使用 iloc 方法获取其中行的属性数据，scattle 是做出分散图的方法，对属性进行画图。最终结果如图 3-5 所示。

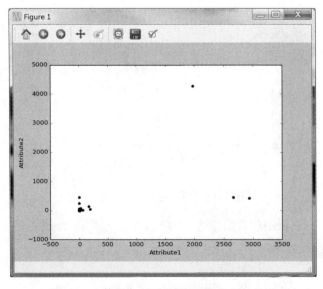

图 3-5　大数据集中不同目标属性之间的关系

这样可以看出，数据在 (0,0) 的位置有较大的集合，表明属性在此位置的偏离程度较少，而几个特定点是偏离程度较大的点。这可以帮助读者对离群值进行分析。

程序 3-6 出现了两幅图，第一个图请读者自行分析。

下面继续对数据集进行分析。程序 3-5 和程序 3-6 让读者看到了对数据同一行中不同的属性进行处理和现实的方法。如果是要对不同目标行的同一种属性进行分析，那么要如何做呢？请读者参阅程序 3-7。

【程序 3-7】
```python
import pandas as pd
import matplotlib.pyplot as plot
filePath = ("c://dataTest.csv")
dataFile = pd.read_csv(filePath,header=None, prefix="V")

target = []
for i in range(200):
    if dataFile.iat[i,10] >= 7:
        target.append(1.0)
    else:
        target.append(0.0)

dataRow = dataFile.iloc[0:200,10]
plot.scatter(dataRow, target)
plot.xlabel("Attribute")
plot.ylabel("Target")
plot.show()
```

程序 3-7 对数据进行处理，提取了 200 行数据中的第 10 个属性，并对其进行判定，单纯的判定规则是根据均值对其区分的，之后计算判定结果，如图 3-6 所示。

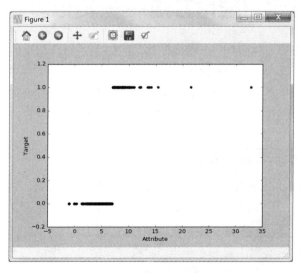

图 3-6　大数据集中不同行相同属性之间的关系

37

通过图 3-6 可以看出，属性被人为地分成两部分，数据集合的程度也显示了偏离程度。如果下一步需要对属性的离散情况进行反映，则应该使用程序 3-8。

【程序 3-8】

```
import pandas as pd
import matplotlib.pyplot as plot
filePath = ("c://dataTest.csv")
dataFile = pd.read_csv(filePath,header=None, prefix="V")
import random
target = []
for i in range(200):
    if dataFile.iat[i,10] >= 7:
        target.append(1.0 + random.uniform(-0.3, 0.3))
    else:
        target.append(0.0 + random.uniform(-0.3, 0.3))
dataRow = dataFile.iloc[0:200,10]
plot.scatter(dataRow, target, alpha=0.5, s=100)
plot.xlabel("Attribute")
plot.ylabel("Target")
plot.show()
```

在此段程序中，离散的数据被人为地加入了离散变量，具体显示结果请读者自行完成。

 读者可以对程序的属性做出诸多的抽取，并尝试使用更多的方法和变量进行处理。

3.3 深度学习理论方法——相似度计算

我们从上一节的内容可以得知，不同目标行之间由于其属性的不同，画出的散点图也是千差万别的，而对于机器学习来说则需要一个统一的度量，即需要对其相似度进行计算。

相似度的计算方法很多，这里选用最常用的两种，即欧几里得相似度和余弦相似度计算。如果读者对此不感兴趣，可以跳过本节继续学习。

3.3.1 基于欧几里得距离的相似度计算

欧几里得距离（Euclidean distance）是常用的计算距离的公式，用来表示三维空间中两个点的真实距离。

欧几里得相似度计算是一种基于用户之间直线距离的计算方式。在相似度计算中，不同的物品或者用户可以将其定义为不同的坐标点，而特定目标定位坐标原点。使用欧几里得距离计算两个点之间的绝对距离。欧几里得公式距离如公式 3-1 所示。

【公式 3-1】

$$d = \sqrt{(x_1 - x_2)^2 + (y_1 - y_2)^2}$$

从公式 3-1 可以看到，作为计算结果的欧式值显示的是两点之间的直线距离，该值的大小表示两个物品或者用户差异性的大小，即用户的相似性如何。如果两个物品或者用户距离越大，那么相似度越小；反之，距离越小则相似度越大。

 提示 由于在欧几里得相似度计算中最终数值的大小与相似度成反比，因此在实际中常常使用欧几里得距离的倒数作为相似度值，即 1/d+1 作为近似值。

请参看一个常用的用户-物品推荐评分表的例子（见表 3-3）。

表 3-3　用户与物品评分对应表

	物品 1	物品 2	物品 3	物品 4
用户 1	1	1	3	1
用户 2	1	2	3	2
用户 3	2	2	1	1

表 3-3 是 3 个用户对物品的打分表，如果需要计算用户 1 和其他用户之间的相似度，通过欧几里得距离公式可以得出：

$$d_{12} = \sqrt{(1-1)^2 + (1-2)^2 + (3-3)^2 + (1-2)^2} \approx 1.414$$

从结果可以得知，用户 1 和用户 2 的相似度为 1.414。用户 1 和用户 3 的相似度是：

$$d_{13} = \sqrt{(1-2)^2 + (1-2)^2 + (3-1)^2 + (1-1)^2} \approx 2.287$$

d_{12} 分值小于 d_{13} 的分值，因此可以得到用户 2 更加相似于用户 1（距离越小，相似度越大）。

3.3.2　基于余弦角度的相似度计算

与欧几里得距离类似，余弦相似度也将特定目标（物品或者用户）作为坐标上的点，但不是坐标原点，是与特定的被计算目标进行夹角计算。具体如图 3-7 所示。

图 3-7　余弦相似度示例

从图 3-7 可以很明显地看出，两条直线分别从坐标原点出发，引出一定的角度。如果两个目标较为相似，那么其线段形成的夹角较小。如果两个用户不相近，那么两条射线形成的夹角较大。因此在使用余弦度量的相似度计算中，可以用夹角的大小来反映目标之间的相似性。余弦相似度的计算如公式 3-2 所示。

【公式 3-2】

$$\cos@ = \frac{\sum(x_i \times y_i)}{\sqrt{\sum x_i^2} \times \sqrt{\sum y_i^2}}$$

余弦值一般为[-1,1]，这个值的大小与余弦夹角的大小成正比。如果用余弦相似度计算表 3-3 中用户 1 和用户 2 之间的相似性，结果如下：

$$d_{12} = \frac{1 \times 1 + 1 \times 2 + 3 \times 3 + 1 \times 2}{\sqrt{1^2 + 1^2 + 3^2 + 1^2} \times \sqrt{1^2 + 2^2 + 3^2 + 2^2}} = \frac{14}{\sqrt{12} \times \sqrt{18}} \approx 0.789$$

用户 1 和用户 3 的相似性如下：

$$d_{13} = \frac{1 \times 2 + 1 \times 2 + 3 \times 1 + 1 \times 1}{\sqrt{1^2 + 1^2 + 3^2 + 1^2} \times \sqrt{2^2 + 2^2 + 1^2 + 1^2}} = \frac{8}{\sqrt{12} \times \sqrt{10}} \approx 0.344$$

从计算可得，相对于用户 3，用户 2 与用户 1 更为相似（两个目标越相似，其线段形成的夹角越小）。

3.3.3　欧几里得相似度与余弦相似度的比较

欧几里得相似度是以目标绝对距离作为衡量的标准，而余弦相似度是以目标差异的大小作为衡量标准的，其表述如图 3-8 所示。

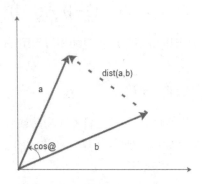

图 3-8　欧几里得相似度与余弦相似度

从图 3-8 中可以看到，欧几里得相似度注重目标之间的差异，与目标在空间中的位置直接相关。而余弦相似度是不同目标在空间中的夹角，更加表现在前进趋势上的差异。

欧几里得相似度和余弦相似度具有不同的计算方法和描述特征。一般来说欧几里得相似度用以表现不同目标的绝对差异性，从而分析目标之间的相似度与差异情况。而余弦相似度更多的是对目标从方向趋势上区分，对特定坐标数字不敏感。

举例来说，两个目标在不同的两个用户之间的评分分别是（1,1）和（5,5），这两个评分在表述上是一样，但是在分析用户相似度时，更多的是使用欧几里得相似度而不是余弦相似度。余弦相似度更好地区分了用户分离状态。

3.4 数据的统计学可视化展示

在 3.3 节中，读者对数据（特别是大数据）的处理有了一个基本的认识，通过数据的可视化处理，对数据的基本属性和分布有了较为直观的理解。但是对于机器学习来说，这里的数据需要更多的分析处理，需要用到更为精准和科学的统计学分析。

本节将使用统计学分析对数据进行处理。

3.4.1 数据的四分位

四分位数（Quartile）是统计学中分位数的一种，即把所有数据由小到大排列并分成四等份，处于三个分割点位置的数据就是四分位数。

- 第一四分位数（Q1）又称"下四分位数"，等于该样本中所有数据由小到大排列后第 25%的数据。
- 第二四分位数（Q2）又称"中位数"，等于该样本中所有数据由小到大排列后第 50%数据。
- 第三四分位数（Q3）又称"上四分位数"，等于该样本中所有数据由小到大排列后第 75%的数据。

第三四分位数与第一四分位数的差距又称四分位距（InterQuartile Range，IQR）。

首先要确定四分位数的位置，若用 n 表示项数，则分位数的位置分别为：

- Q1 的位置$=(n+1) \times 0.25$
- Q2 的位置$=(n+1) \times 0.5$
- Q3 的位置$=(n+1) \times 0.75$

使用图形表示，如图 3-9 所示。

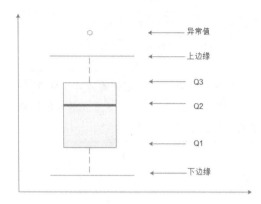

图 3-9　四分位的计算

从图 3-9 可以看到，四分位在图形中根据 Q1 和 Q3 的位置绘制了一个箱体结构，即根据一组数据 5 个特征绘制的一个箱子和两条线段的图形。这种直观的箱线图反映出一组数据的特征分布，还显示了数据的最小值、中位数和最大值。

3.4.2　数据的四分位示例

现在回到数据处理中来，这里依旧使用 3.2.3 小节中的数据集进行数据处理。

首先回顾一下本例中的数据集。本数据集来源是真实世界中某借贷机构对申请小额贷款的贷款人的背景调查，目的是根据不同借款人的条件，分析判断借款人能否按时归还贷款。一般来说，借款人能否按时归还贷款是所有借贷最为头疼的问题，其中的影响因素很多，判别相对麻烦，判断错误后果也较为严重。通过机器学习，可以较为轻松地将其转化成一个回归分类问题。

数据集中的数据如图 3-10 所示。

20001, 6. 15, 7. 06, 5. 24, 2. 61, 0, 4. 36, 0, 5. 76, 3. 83, 6. 94, 5. 86, 0, 9. 15, 6. 09, 1. 02, 3. 47, 4. 52, 11, 5. 35, 7. 5
7, 0. 22, 12. 69, 0, 3. 55, 4. 58, 8. 02, 6. 59, 5. 16, 7. 45, 13. 04, 0, 0, 4. 35, 0. 25, 0, 7. 17, 5. 27, 4. 48, 0. 02, 0. 48, 6
. 67, 6. 29, 3. 58, 8. 82, 0, 1. 6, 4. 81, 0. 33, 0. 95, 1. 36, 4. 89, 4. 72, 5. 51, 3. 87, 2. 02, 3. 31, 9. 02, 5. 73, 8. 02, 0, 1
. 72, 0. 86, 0, 0, 4. 35, 0, 7. 47, 4. 35, 0, 0, 9. 02, 5. 72, 6. 82, 0. 07, 1. 05, 6. 67, 0. 47, 0, 1. 58, 2. 33, 0, 4. 28, 2. 2, 2. 57,
3. 47, 3. 52, 0. 51, 1. 55, 0, 7. 95, 4. 25, 2. 71, 0, 9. 17, 5. 16, 4. 58, 9. 17, 0. 29, 0, 2. 17, 4. 35, 0, 0, 4. 35, 0, 0, 10. 8
7, 9. 03, 7. 51, 0, 4. 71, 6. 29, 0, 7. 25, 14. 09, 7. 57, 2. 12, 0, 6. 12, 2. 54, 8. 53, 4. 43, 8. 91, 6. 81, 0, 6, 7. 48, 5. 52,
2. 42, 0. 64, 5. 63, 3. 29, 0. 03, 7. 33, 4. 55, 0, 5. 73, 3. 72, 0. 57, 11. 17, 2. 01, 0. 29, 6. 52, 15. 22, 4. 35, 23. 91, 0, 5
. 99, 9. 8, 5. 04, 7. 35, 7. 67, 2. 24, 7. 35, 0. 64, 3. 19, 0. 3, 6. 59, 6. 89, 1. 8, 2. 4, 4. 49, 0, 5. 88, 8. 09, 4. 41, 1. 47, 5
. 15, 0, 8. 18, 6. 85, 4. 28, 0. 1, 9. 27, 7. 67, 4. 47, 0, 6. 39, 5. 09, 9. 28, 5. 39, 5. 99, 5. 69, 6. 89, 0. 6, 8. 82, 5. 88, 8.
09, 0. 19, 0, 8. 66, 4. 76, 7. 14, 8. 85, 7. 8, 3. 9, 0. 88, 1. 48, 22. 74, 11742. 05, 10. 42, 5. 33, 9. 23, 78. 89, 11. 71, 4. 2, 1
9, 4. 49, 0. 6, 6. 89, 0. 74, 6. 62, 7. 35, 5. 15, 1. 47, 2. 21, 0. 74, 2. 94, 3. 68, 1. 05, 0, 0. 95, 1. 9, 0, 8. 31, 5. 75, 11
. 5, 2. 88, 2. 88, 2. 56, 0. 6, 0. 3, 2. 1, 5. 09, 2. 21, 8. 09, 0. 74, 2. 21, 8. 09, 0, 0, 0, 0, 0, 764, 0, 0, 0, 0, 0, 0, 0, 0, 5, 0
, 701, 0, 0, 0, 0, 0, 0, 0, 0, 0, 0, 0, 1, 0, 121, 0, 0, 4, -1, 0, 0, 0, 0, 0, 0, 0, 0, 0, 0, 0, 0, 0, 0, 0, 0, 0, -
1, 49, 0, 0, 1, 1244. 33, 0, 0, 11. 33, 0, 0, 1, -1, -
1, 0, 0, 12, 1267, 5. 78, 77, 1, 1, 1, 1, 1, 1, 1, 0, 0, 0, 1, 1, 5, 0. 38, 1, 5, 1, 1, 1, 35. 4025, 116. 58031, 0, 13, 0, 1
, 0, 182, 51, 200, 123, 598, 379, 358, 0. 94, 0. 88, 1. 48, 22. 74, 11742. 05, 10. 42, 5. 33, 9. 23, 78. 89, 11. 71, 4. 2, 1
223. 99, 65. 53, 1. 5, 107. 99, 44. 21, 6375, 34. 68, 5367. 05, 7. 66, 9. 61, 30. 59, 226, 23. 11, 8. 51, 0. 61, 358, 283,
4, 6, 5, 9, 0, 0, 0, 0, 40, 12, 641, 18, 49, 0, 0, 0, 0, 4, 48. 12, 407, 14, 0, 0, 3, 0, 405, 36, 0, 10, 0, 0, 3, 24, 387, 3
71, 16, 26. 87, 21. 24, 5, 1000, 29, 14, 2, 4, 2, 1, 0, 0, 0, 0, 0, 4, 1, 0, 16, 15. 76, 42, 3. 29, 0. 36, 27. 21, 0. 16, 6. 4
7, 6. 12, 140, -1, -1, -1, -1, -1, -1, -1, -1, -1, -1, -1, -1, -1, -1, -1, -1, -1, -1, -1, -
1, 0, 4, 27, 0, 3, 50, 0, 1, 7, 0, 3, 0, 0. 23, 11, 0, 0, 0, 0, 97, 88, 252, 82, 0, 27, 92, 2867, 0, 185, 334, 12500, 0, 0, 0, 2
, 0, 0, 0, 0, 0, 0, 0, 0, 0, 0, 0, 0, 0, 6, 1, 1318, 0, 0, 0, 0, 0, 0, 0, 0, 0, 4, 370, 0, 0, 0, 0, 0, 0, 0, 0, 0, 0, 0, 0, 16,
0, 1, 0, 0, 0, 0, 0, 0, 0, 0, 49, -1, 19, 159, 157, 3, 16, -
1, 91, 37, 4, 6074, 754, 1732, 0, 0, 0, 0, 0, 0, 0, 0, 0, 0, 0, 0, 0, 0, 0, 0, 1, 0, 0, 11, 0, 21, 21, 5, 84, 1, 0, 0, 0, 1, 9, 6
70, 1, 0, 0, 0, 0, 0, 0, 0, 0, 0, 0, 0, 122, 0, 0, 0, 0, 51, 0, 0, 0, 0, 0, 0, 0, 0, 0, 0, 0, 0, 0, 0, 0, 0, 0, 0, 2281, 0,
0, 0, 0, 0, 0, 0, 0, 0, 0, 0, 0, 42, -1, -1, -1, -1, -
1, 7, 0, 0, 0, 0, 0, 0, 0, 0, 0, 0, 0, 0, 0, 0, 0, 0, 0, 174, 0, 0, 0, 4, 1, 0, 6, 5645, 1212, 1060, 0, 37, 0
, 0, 0, 0, 0, 0, 0, 0, 0, 43, 0, 2, 0, 0, 0, 0, 0, 0, 0, 0, 0, 13, 0, 0, 0, 0, 0, 619, 115, 0, 0, 0, 0, 0, 93, -
1, 37, 0, 1, 115, 3, 0, 0, 0, 0, 0, 0, 0, 0, 0, 0, 0, 0, 0, 0, 0, 0, 1, 0, 0, 16, 1358, 90, 2, 0, 3494, 0, 244,
0, 17, 17, 0, 0, 0, 0, 2, 101, 1, 1, 0, 0, 0, 0, 0, 0, 0, 0, 0, 0, 0, 0, 0, 1, 0, 0, 0, 0, 5, 0, 0, 0, 0, 0, 0, 0
, 0, 0, 0, -1, -

图 3-10　小贷（小额贷款）数据集

这个数据集的形式是每一行为一个单独的目标行，使用逗号分隔不同的属性；每一列是不同的属性特征。不同列的含义在现实中至关重要，这里不做解释。具体代码如程序 3-9 所示。

【程序 3-9】

```
from pylab import *
import pandas as pd
import matplotlib.pyplot as plot
filePath = ("c://dataTest.csv")
dataFile = pd.read_csv(filePath,header=None, prefix="V")

print(dataFile.head())
print((dataFile.tail())

summary = dataFile.describe()
print(summary)

array = dataFile.iloc[:,10:16].values
boxplot(array)
plot.xlabel("Attribute")
plot.ylabel(("Score"))
show()
```

首先来看数据的结果：

```
      V0     V1     V2     V3     V4     V5     V6     V7     V8     V9  ...  V1129  \
0  20001   6.15   7.06   5.24   2.61   0.00   4.36   0.00   5.76   3.83  ...      7
1  20002   6.53   6.15   9.85   4.03   0.10   1.32   0.69   6.24   7.06  ...      6
2  20003   8.22   3.23   1.69   0.41   0.02   2.89   0.13  10.05   8.76  ...      1
3  20004   6.79   4.99   1.50   2.85   5.53   1.89   5.41   6.79   6.11  ...      3
4  20005  -1.00  -1.00  -1.00  -1.00  -1.00  -1.00  -1.00  -1.00  -1.00  ...      7

   V1130  V1131  V1132  V1133  V1134  V1135  V1136  V1137  V1138
0      6      1      2      5      7      3      6      8     12
1      7     15      2      6      7      1      8      1     24
2      8      3      1      1      8      8      1      7      6
3      6     20      1      6      8      1      6      5     12
4      8      1      1      8      8      1      8      8      1

[5 rows x 1139 columns]
         V0    V1    V2    V3    V4    V5    V6    V7    V8     V9  ...  \
196   20197  3.59  5.63  6.21  5.24  1.88  1.65  4.74  3.73   7.19  ...
197   20198  7.27  5.31  9.35  2.77  0.00  1.37  0.74  5.77   4.64  ...
198   20199  6.18  5.05  6.43  6.05  1.93  2.58  3.75  7.32   4.19  ...
199   20200  6.12  7.45  1.05  1.03  0.16  1.44  0.32  6.49  10.79  ...
```

```
200  20201  5.60  6.29  6.11  2.64  0.11  4.08  2.44  7.04   5.60  ...

       V1129  V1130  V1131  V1132  V1133  V1134  V1135  V1136  V1137  V1138
196      6      6      1      1      6      8      9      8      4     28
197      7      1      1      1      1      8     24      7      8     14
198      3      7      1      2      7      7      3      3      7      4
199      7      8      1      2      4      7      6      8      7     12
200      7      7      3      1      7      8      1      2      7     23

[5 rows x 1139 columns]
                V0            V1            V2            V3            V4  \
count   201.000000    201.000000    201.000000    201.000000    201.000000
mean  20101.000000      5.266219      6.447015      6.156020      3.319303
std      58.167861      2.273933      2.443789      2.967566      3.134570
min   20001.000000     -1.000000     -1.000000     -1.000000     -1.000000
25%   20051.000000      4.130000      5.190000      4.660000      1.200000
50%   20101.000000      5.240000      6.410000      6.000000      2.830000
75%   20151.000000      6.590000      7.790000      7.640000      4.570000
max   20201.000000     13.150000     13.960000     16.620000     28.440000

                V5            V6            V7            V8            V9     ...    \
count   201.000000    201.000000    201.000000    201.000000    201.000000   ...
mean      0.907662      2.680149      2.649254      5.149055      5.532736   ...
std       1.360489      2.292231      2.912611      2.965096      2.763270   ...
min      -1.000000     -1.000000     -1.000000     -1.000000     -1.000000   ...
25%       0.020000      1.270000      0.320000      3.260000      3.720000   ...
50%       0.300000      2.030000      1.870000      4.870000      5.540000   ...
75%       1.390000      3.710000      4.140000      6.760000      7.400000   ...
max       8.480000     12.970000     18.850000     15.520000     13.490000   ...

              V1129         V1130         V1131         V1132         V1133         V1134  \
count    201.000000    201.000000    201.000000    201.000000    201.000000    201.000000
mean       6.054726      6.039801      7.756219      1.353234      4.830846      7.731343
std        1.934422      2.314824      9.145232      0.836422      2.161306      0.444368
min        1.000000      1.000000      1.000000      1.000000      1.000000      7.000000
25%        6.000000      5.000000      1.000000      1.000000      3.000000      7.000000
50%        7.000000      7.000000      1.000000      1.000000      6.000000      8.000000
75%        7.000000      8.000000     15.000000      2.000000      7.000000      8.000000
max        8.000000      8.000000     35.000000      7.000000      8.000000      8.000000

              V1135         V1136         V1137         V1138
count    201.000000    201.000000    201.000000    201.000000
mean      10.960199      5.631841      5.572139     16.776119
```

std	9.851315	2.510733	2.517145	8.507916
min	1.000000	1.000000	1.000000	1.000000
25%	3.000000	3.000000	4.000000	11.000000
50%	8.000000	7.000000	7.000000	17.000000
75%	18.000000	8.000000	7.000000	23.000000
max	36.000000	8.000000	8.000000	33.000000

这一部分打印出来的是计算后的数据头和尾部，为了节省空间，我们只选择了前 6 个和尾部的 6 个数据。第一列是数据的编号，对数据目标行进行区分，其后是每个不同的目标行的属性。

dataFile.describe()方法对数据进行统计学估计，count、mean、std、min 分别求得每列数据的计数、均值、方差以及最小值等。最后的几个百分比是求得四分位的数据，具体图形如图 3-11 所示。这里的 6 列数据是从整个数据集中随机选取的 6 列做的数据描述结果，即对随机选择的 6 列数据做的四分位分布计算；竖的每个四分位图是随机选择的每个数据列做的数据可视化描述，主要是用来展示离群点。

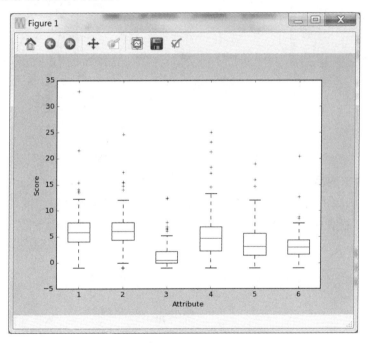

图 3-11　小贷数据集的四分位显示

在程序中选择了第 11~16 列的数据作为分析数据集，从图 3-11 可以看出，不同的数据列做出的箱体四分位图也是不同的。部分不在点框体内的数据被称为离群值，一般被视作特异点加以处理。

 读者可以多选择不同的目标行和属性点进行分析。

四分位图是一个以更好、更直观的方式来识别数据中异常值的方法，与数据处理的其他方式相比，能够更有效地让分析人员判断离群值。

3.4.3　数据的标准化

继续对数据进行分析。读者在进行数据选择的时候可能会遇到某一列的数值过大或者过小的问题，即数据的显示若超出其他数据部分较大时则会产生数据图形失真的问题，如图 3-12 所示。

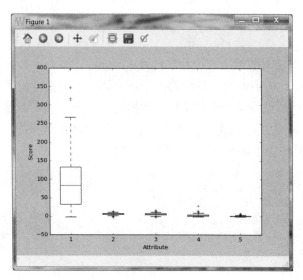

图 3-12　数据超预期的四分位图

对其来说，需要一个能够处理数据，使其具有共同计算均值的方法，即数据的标准化处理。

顾名思义，数据的标准化是将数据根据自身一定比例进行处理，落入一个小的特定区间，一般为(-1,1)。这样做的目的是去除数据的单位限制，将其转化为无量纲的纯数值，使得不同单位或量级的指标能够进行比较和加权，其中最常用的就是 0-1 标准化和 Z-score 标准化。

1. 0-1 标准化（0-1 normalization）

0-1 标准化也叫离差标准化，是对原始数据的线性变换，使结果落到[0,1]区间，转换函数如下：

$$X = \frac{X - \min}{\max - \min}$$

其中，max 为样本数据的最大值，min 为样本数据的最小值。这种方法有一个缺陷，就是当有新数据加入时，可能导致 max 和 min 的变化，需要重新定义。

2. Z-score 标准化（zero-mean normalization）

Z-score 标准化也叫标准差标准化，经过处理的数据符合标准正态分布，即均值为 0，标准差为 1，其转化函数为：

$$X = \frac{x - \mu}{\sigma}$$

其中，μ 为所有样本数据的均值，σ 为所有样本数据的标准差。

一般情况下，通过数据的标准化处理后，数据最终落在(-1,1)的概率为 99.7%，在(-1,1)之外的数据被设置成-1 和 1，以便处理。

【程序 3-10】

```
from pylab import *
import pandas as pd
import matplotlib.pyplot as plot
filePath = ("c://dataTest.csv")
dataFile = pd.read_csv(filePath,header=None, prefix="V")

summary = dataFile.describe()
dataFileNormalized = dataFile.iloc[:,1:6]
for i in range(5):
    mean = summary.iloc[1, i]
    sd = summary.iloc[2, i]

dataFileNormalized.iloc[:,i:(i + 1)] = (dataFileNormalized.iloc[:,i:(i + 1)]
- mean) / sd
    array = dataFileNormalized.values
    boxplot(array)
    plot.xlabel("Attribute")
    plot.ylabel(("Score"))
    show()
```

从代码中可以看到数据被处理为标准差标准化的方法。dataFileNormalized 被重新计算并定义，大数值被人为限定在(-1,1)，请读者自行运行验证。

程序 3-10 中所使用的数据被人为修改，请读者自行修改验证，这里作者不再进行演示。此外，读者可以对数据进行处理，验证更多的标准化方法。

3.4.4　数据的平行化处理

从 3.4.2 小节可以看到，对于每种单独的数据属性来说，可以通过数据的四分位法进行处理、查找和寻找离群值，从而对其进行分析处理。

对于属性之间的横向比较，即每个目标行属性之间的比较，使用四分位法则较难判断。为了描述和表现每一个不同目标行之间的数据差异和不同，需要另外一种处理和展示方法。

平行坐标（Parallel Coordinates）是一种通常的可视化方法，用于对高维几何和多元数据的可视化。平行坐标为了表示在高维空间的一个点集，在 N 条平行线的背景下（一般这 N 条线都竖直且等距），一个在高维空间的点被表示为一条拐点在 N 条平行坐标轴的折线，在第 K 个坐标轴上的位置就表示这个点在第 K 维的值。

平行坐标是信息可视化的一种重要技术。为了克服传统的笛卡儿直角坐标系容易耗尽空间、难以表达三维以上数据的问题，平行坐标将高维数据的各个变量用一系列相互平行的坐标轴表示，变量值对应轴上位置。为了反映变化趋势和各个变量间的相互关系，往往将描述不同变量的各点连接成折线。所以平行坐标图的实质是将欧式空间的一个点 Xi(xi1,xi2,...,xim) 映射到二维平面上的一条曲线。

平行坐标图可以表示超高维数据。平行坐标的一个显著优点是具有良好的数学基础，其射影几何解释和对偶特性使它很适合用于可视化数据分析。

【程序 3-11】

```
from pylab import *
import pandas as pd
import matplotlib.pyplot as plot
filePath = ("c://dataTest.csv")
dataFile = pd.read_csv(filePath,header=None, prefix="V")

summary = dataFile.describe()
minRings = -1
maxRings = 99
nrows = 10
for i in range(nrows):
    dataRow = dataFile.iloc[i,1:10]
    labelColor = (dataFile.iloc[i,10] - minRings) / (maxRings - minRings)
    dataRow.plot(color=plot.cm.RdYlBu(labelColor), alpha=0.5)
plot.xlabel("Attribute")
plot.ylabel("Score")
show()
```

从代码可以看出，本例首先计算总体的统计量，之后设置计算的最大值和最小值（本例中设置-1 为最小值、99 为最大值）。为了计算简便，选择了前 10 行作为目标行数，使用 for 循环对数据进行训练。

最终图形结果如图 3-13 所示。

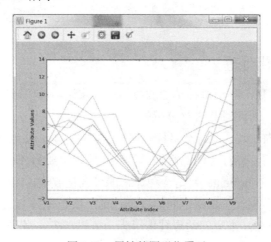

图 3-13　属性的图形化展示

从图 3-13 中可以看出，由于属性不同而画出了 10 条不同的曲线。这些曲线是根据不同的属性得出的不同的运行轨迹。

 可以选择不同的目标行和不同的属性进行验证，观察更多的数据展示结果有何不同。

3.4.5　热点图-属性相关性检测

前面小节中，作者对数据集中数据的属性分别进行了横向和纵向的比较，现在请读者换一种思路，如果要对数据属性之间的相关性进行检测，那该怎么办？

热点图是一种判断属性相关性的常用方法，根据不同目标行数据对应的数据相关性进行检测。程序 3-12 展示了对数据相关性进行检测的方法，根据不同数据之间的相关性做出图形。

【程序 3-12】

```
from pylab import *
import pandas as pd
import matplotlib.pyplot as plot
filePath = ("c://dataTest.csv")
dataFile = pd.read_csv(filePath,header=None, prefix="V")

summary = dataFile.describe()
corMat = DataFrame(dataFile.iloc[1:20,1:20].corr())

plot.pcolor(corMat)
plot.show()
```

最终结果如图 3-14 所示。

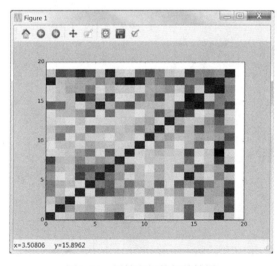

图 3-14　属性之间的相关性图

不同颜色之间显示了不同的相关性，彩色的深浅（参看下载报中的相关文件）显示了相关性的强弱程度。读者可以通过打印相关系数来直观地显示数据：

```
print(corMat)
```

 代码中选择了前20行中的前20列数据属性进行计算，读者可以对其进行更多的验证和显示处理。

3.5 Python 数据分析与可视化实战
——某地降水的关系处理

上面的章节对数据属性间的处理做了一个大致的介绍，本节将使用这个处理方法解决一个实际问题。农业灌溉用水主要来自于天然降水和地下水。随着中原经济区的发展和城镇化水平的提高，城市用水日趋紧张。下面提供河南省降水量的变化及分布规律，为合理调度和利用水资源提供决策。数据集名为 rain.csv，记录了从 2000 年开始到 2011 年之间的每月降水量数据。本节将以降水量进行统计计算，找出规律并进行分析。

3.5.1 不同年份的相同月份统计

对于不同年份，每月的降水量也是不同的，一般情况下，降水量会随着春夏秋冬的交替呈现不同的状态，横向是一个过程。对于不同的年份来说，每月的降水量应该在一个范围内浮动，而不应偏离均值太大。

【程序 3-13】
```python
from pylab import *
import pandas as pd
import matplotlib.pyplot as plot
filePath = ("c://rain.csv")
dataFile = pd.read_csv(filePath)

summary = dataFile.describe()
print(summary)

array = dataFile.iloc[:,1:13].values
boxplot(array)
plot.xlabel("month")
plot.ylabel(("rain"))
show()
```

打印结果如下所示。

	0	1	2	3	4
count	12.000000	12.000000	12.000000	12.000000	12.000000
mean	2005.500000	121.083333	67.833333	102.916667	263.416667

```
std        3.605551   103.021144     72.148626   137.993714   246.690258
min     2000.000000     0.000000      0.000000     0.000000    70.000000
25%     2002.750000    17.750000      9.750000     3.000000   136.250000
50%     2005.500000   125.000000     39.500000    51.500000   155.000000
75%     2008.250000   204.500000    123.250000   150.000000   232.500000
max     2011.000000   295.000000    192.000000   437.000000   833.000000

                  5             6             7             8             9
count     12.000000     12.000000     12.000000     12.000000     12.000000
mean    1134.583333   2365.666667   2529.000000   1875.500000   1992.416667
std      618.225240    705.323180   1120.231226    603.135821    670.834414
min      218.000000    766.000000    865.000000    746.000000    621.000000
25%      685.500000   2117.000000   1770.250000   1723.500000   1630.000000
50%      951.500000   2440.500000   2023.500000   1943.500000   1961.000000
75%     1599.000000   2723.750000   3603.000000   2321.750000   2231.750000
max     2134.000000   3375.000000   4163.000000   2508.000000   3097.000000

                 10            11            12
count     12.000000     12.000000     12.000000
mean    1219.250000    159.333333     38.333333
std      743.534938    124.611639     34.494620
min      328.000000      0.000000      0.000000
25%      612.250000     64.000000     18.750000
50%     1208.500000    123.000000     25.500000
75%     1672.250000    278.250000     46.250000
max     2561.000000    357.000000    100.000000
```

从打印结果可以看到，程序对平均每个月份的降水量进行了计算，获得了其偏移值、均值以及均方差的大小。

通过四分位的计算，可以获得一个波动范围，具体结果如图 3-15 所示。

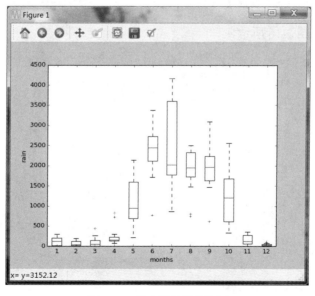

图 3-15　降水量的四分位图

从图 3-15 中可以直观地看到，不同月份之间的降水量有很大的差距，1~4 月降水量明显较少，从 5 月份开始降水量有明显增多，到 7 月份达到顶峰后回落，之后逐渐减少，12 月达到最低的降水量。

同时，有几个月份的降水量有明显的偏移，即出现离群值，可能跟年度情况有关，需要继续进行分析。

3.5.2 不同月份之间的增减程度比较

正常情况下，每年降水量都呈现一个平稳的增长或者减少的过程，其下降的坡度（趋势线）应该是一样的。程序 3-14 展示了这种趋势。

【程序 3-14】

```
from pylab import *
import pandas as pd
import matplotlib.pyplot as plot
filePath = ("c://rain.csv")
dataFile = pd.read_csv(filePath)

summary = dataFile.describe()
minRings = -1
maxRings = 99
nrows = 11
for i in range(nrows):
    dataRow = dataFile.iloc[i,1:13]
    labelColor = (dataFile.iloc[i,12] - minRings) / (maxRings - minRings)
    dataRow.plot(color=plot.cm.RdYlBu(labelColor), alpha=0.5)
plot.xlabel("Attribute")
plot.ylabel(("Score"))
show()
```

最终打印结果如图 3-16 所示。

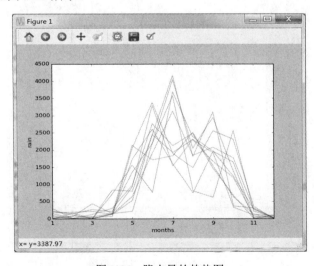

图 3-16　降水量的趋势图

从图中可以明显地看到，降水的月份并不是一个规律的上涨或下跌，而是呈现一个不规则的浮动状态，增加最快的为 6~7 月，下降最快的为 7~8 月，之后有一个明显的回升过程。

3.5.3 每月降水是否相关

每月的降水量理论上来说应该是相互独立的，即每月的降水量和其他月份没有关系。但是实际上是这样的吗？

【程序 3-15】

```
from pylab import *
import pandas as pd
import matplotlib.pyplot as plot
filePath = ("c:// rain.csv")
dataFile = pd.read_csv(filePath)

summary = dataFile.describe()
corMat = DataFrame(dataFile.iloc[1:20,1:20].corr())

plot.pcolor(corMat)
plot.show()
```

通过计算，最终结果如图 3-17 所示。

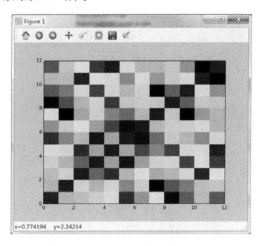

图 3-17　月份之间的相关性显示

从图 3-17 可以看出，颜色分布比较平均，表示并没有太大的相关性，因此可以认为每月的降水是独立行为，即每个月的降水量和其他月份没有关系。

3.6 本章小结

上面的章节已经对数据属性间的处理做了一个大致的介绍,并使用了数据分析的方法对其进行分析和整理。本章从直观的观察开始,深入介绍和研究了数据集和分析工具,了解了使用 Python 类库进行数据分析的基本方法。数据分析从最基本的矩阵转换开始,直到对数据集特征值的分析和处理,对掌握和了解简单的数据分析打下基础。

使用相应的类库进行深度学习程序设计是本章的重点,也是希望读者掌握的内容。再重复一次,请读者在程序设计时尽量使用已有的 Python 去进行程序设计。在数据的可视化展示过程中,作者通过多种数据图形向读者演示了可以通过使用不同的类库非常直观地进行数据分析。希望本章中提供的不同研究方法和程序设计思路能够帮助读者掌握基本数据集描述性和统计值之间的关系,以有利于对数据的掌握。

本章是机器学习的基础,虽然内容简单,但是非常重要,希望读者能够使用不同的数据集进行处理并演示得到更多的结果。

第 4 章

深度学习的理论基础——机器学习

通过前一章对 Python 的介绍,读者对使用 Python 进行程序设计的基本流程有了一个大致的了解,并且对其使用的算法和工具有了初步的认识。

本章开始将深度学习的基础部分——机器学习做一个浅显的介绍。本章将着重强调模型也就是算法的应用,并且会介绍机器学习和深度学习中最基本的一些内容及其 Python 实现。

对于深度学习或者泛化的一般机器学习而言,选择不同的算法对数据分析的过程和数据的需求有着极大的不同,而其中最重要的部分就是算法的选择。从本质上来说,机器学习和数据分析就是一个对数据进行处理、分析、归类的过程,是人类多科学智慧发展的成果和结晶,在进行过程运算的时候充分应用到了人工智能、神经网络、递归处理、边缘抉择等不同的交叉学科的现有成果,因此可以充分利用不同学科不同理论的关键思想。

4.1 机器学习基本分类

在实践中,机器学习可按目的的不同进行分类,其中包括基于学科的分类、基于学习模式的分类以及基于应用领域的分类。

4.1.1 基于学科的分类

一般而言,机器学习在实际使用过程中主要应用和使用若干种学科的知识和内容,吸收兼并不同的思想和理念,从而使得机器学习最终的正确率得到提高,但是根据算法的不同,学习过程和方式也不尽相同。机器学习在实践中所使用的学科方法主要分成以下几类:

- 统计学:基于统计学的学习方法,是收集、分析、统计数据的有效工具,描述数据的集中和离散情况,模型化数据资料。
- 人工智能:是一种积极的学习方法,利用已有的现成数据对问题进行计算,从而提高机器本身计算和解决问题的能力。
- 信息论:信息的度量和熵的度量,对其中信息的设计和掌握。
- 控制理论:理解对象相互之间的联系与通信,关注于总体上的性质。

因此可以说，机器学习的过程就是不同的学科之间相互支撑、相互印证、共同作用的结果。而机器学习的进步又直接扩展了相关学科中人工智能的研究范围，使之取得了丰硕的成果，并且使得机器学习在原有基础上产生了更大层次的飞跃。

4.1.2 基于学习模式的分类

学习模式是指机器学习在过程训练中所使用的策略模式。一个好的学习模式一般由两部分构成，即数据和模型。数据提供基本的信息内容，而模型是机器学习的核心，能够将数据中蕴含的内容以能够被理解的形式保存下来。

一般来说，机器学习中学习模式是根据数据中所包含的信息复杂度来分类的，基本可以分成以下几类：

- 归纳学习：归纳学习是应用范围最广的一种机器学习方法，通过大量的实例数据和结果分析，使得机器能够归纳获得该数据的一种一般性模型，从而对更多的未知数据进行预测。
- 解释学习：根据已有的数据对一般的模型进行解释，从而获得一个较为泛型的学习模型。
- 反馈学习：通过学习已有的数据，根据不断地获取数据的反馈进行模型的更新，从而直接获取一个新的、可以对已有数据进行归纳总结的机器学习方法。

机器学习在学习模式上的分类实际上就是学习模型的分类。需要注意的是，在机器学习的运行过程中，模型往往跟数据的复杂度成正比，数据的复杂度越大，模型的复杂度就越大，计算就越为复杂。

不同的数据所要求的模型千差万别，因此机器学习中学习模式的分类实际上是基于不同的数据集而采用的不同的应对策略，基于应对策略的不同而选择不同的模型，从而获得更好的分析结果。

4.1.3 基于应用领域的分类

机器学习的最终目的是解决现实中的各种问题。机器学习根据在不同领域的应用，可以分成以下几类：

- 专家系统：通过数据的学习，使得学习机器获得拥有某个方面大量的经验和认识的能力，从而使之能够利用相关的知识来解决和处理问题。
- 数据挖掘：通过对既有知识和数据的学习，从而能够挖掘出隐藏在数据之中的行为模式和类型，从而获得对某一个特定类型的认识。
- 图像识别：通过学习已有的数据，从而获得对不同的图像或同一类型图像中特定目标的识别和认识。
- 人工智能：通过对已有模式的认识和学习，使得机器学习能够用于研究开发、模拟和扩展人的多重智能的方法、理论和技术。

- 自然语言处理: 实现人与对象之间通过某种易于辨识的语言进行有效通信的一种理论和方法。

除此之外,基于机器学习的应用领域还包括对问题的规划和求解、故障的自动化分析诊断、经验的推理等。主要的分类如图 4-1 所示。

图 4-1　机器学习的主要分类

因此,可以说对于机器学习的各种分类,绝大部分都可以分成两类,即问题的模型建立和基于模型的问题求解。

问题的模型建立是指通过对数据和模式的输入,做出描述性分析,从而确定输入内容的形式。基于模型的求解是指对输入的数据进行分析后找出相关的规律,并利用此规律获取解决问题的能力。

4.2　机器学习基本算法

前面已经介绍过,根据对不同的计算结果的要求,机器学习可分成若干种,使机器学习在实际应用中分成了不同模型和类别。

前面已经提到,机器学习还是一门涉及多个领域的交叉学科,也是多个领域的新兴学科,因此,它在实践中越来越多地用到不同学科中经典的研究方法,这些方法统称为算法。

4.2.1　机器学习的算法流程

首先需要知道的是,对于机器学习来说,一个机器学习的过程是一个完整的项目周期,其中包括数据的采集、数据的特征提取与分类,以及采用何种算法去创建机器学习模型,从而获得预测数据。整个机器学习的算法流程如图 4-2 所示。

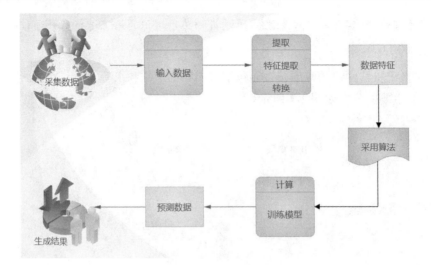

图 4-2　机器学习的算法流程

在一个机器学习的完整流程中,整个机器学习程序会使用数据去创建一个能够对数据进行有效处理的学习"模型"。这个模型可以动态地对本身进行调整和反馈,从而可以较好地对未知数据进行分类和处理。

一个完整的机器学习项目包含以下内容:

● 　输入数据:通过自然采集的数据集,包含被标识的和未被标识的部分,作为机器学习的最基础部分。

● 　特征提取:通过多种方式对数据的特征值进行提取。一般而言,包含特征越多的数据,机器学习设计出的模型就越精确,处理难度也越大。因此寻找一个合适的特征大小的平衡点是非常重要的。

● 　模型设计:模型设计是机器学习中最重要的部分,根据现有的条件,选择不同的分类,采用不同的指标和技术。模型的训练更多的是依靠数据的收集和特征的提取,这一点需要以上各部分的支持。

● 　数据预测:通过对已训练模式的认识和使用,使得机器学习能够用于研究开发、模拟和扩展人的多重智能。

可以看到,整个机器学习的流程是一个完整的项目生命周期,每一步都是以上一步为基础进行的。

4.2.2　基本算法的分类

根据输入的不同数据和对数据的处理要求,机器学习会选择不同种类的算法对模型进行训练。算法训练的选择没有特定的模式,一般而言,只需要考虑输入的数据形式和复杂度以及使用者模型的使用经验,即可据此进行算法训练,从而获得较好的学习结果。

根据基本算法训练模式的不同,可将算法分成以下几个类别(如图 4-3 所示):

● 　无监督学习:完全黑盒训练的一种训练方法,对于输入的数据在运行结束前没有任何区别和标识，也无法进行分类。完全由机器对数据进行识别和分类，形成特有的分析模型。训练过程完全没有任何指导，分析结果也是不可控的。

- 有监督学习：输入的数据被人为地分类、被人为地标记和识别。通过对人为标识的数据进行学习，不断修正和改进模型，使模型能够对给定的标识后的数据进行正确分类，达到分类的标准。
- 半监督学习：混合有标识数据和无标识数据，通过创建同一模型对数据进行分析和识别。算法的运行介于有监督和无监督之间，最终使得全部输入数据能够被区分。半监督学习主要用于有特征值缺失的数据分析。
- 强化学习：输入不同的标识数据，使用已有的机器学习数据模型，通过不同的数据进行学习、反馈和修正现有模型，从而建立一个新的能够识别输入数据的模型算法。

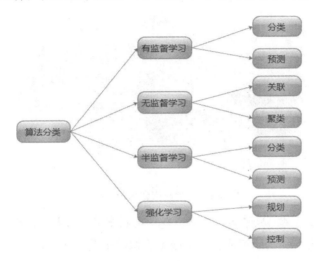

图 4-3　机器学习的算法分类

从图 4-3 可以看到，不同的算法有不同的目的和要求。机器学习在实际使用时有很多算法可供选择，不同的算法又有很多的修正和改变，对于某个特定的问题，选择一个符合数据规则的算法是很困难的。

目前用得比较多的是有监督学习和无监督学习，但是由于大数据的普及，更多的数据会产生大量的特征值缺失，因此未来的一段时间，半监督学习将逐渐变成热门和重点研究对象。

 对于大多数的算法来说，通过机器学习都可以较好地实现一个数据的分类和拟合的模型，其差别主要集中在功能和形式上。做好数据分类，基本可以较好地实现机器学习的目的。

4.3 算法的理论基础

对于机器学习来说，最重要的部分是两个，即数据的收集以及算法的设计。在实际应用中，数据收集一般有具体的格式和要求，因此对其限制较多。对于算法的选择则较为灵活，可以根据需要选择适合数据流程的算法，进而进一步训练模型。

4.3.1 小学生的故事——求圆的面积

圆是自然界最重要和最特殊的图形，从古至今世界上对其研究非常深刻，甚至于将其视作神圣的图形来膜拜。对于数学家来说，求圆的面积确实是对数学家能力的一次重要考验（如图4-4 所示）。

图 4-4　这个圆的面积是多少

直接计算圆的面积很难。为了解决问题，数学家们想了很多办法，其中最简单的是使用替代法。即寻找一个矩形，使其面积能够等于或者近似等于圆的面积。

我国古代的数学家祖冲之，从圆内接正六边形入手，让边数成倍增加，用圆内接正多边形的面积去逼近圆面积；古希腊的数学家，从圆内接正多边形和外切正多边形同时入手，不断增加它们的边数，从里外两个方向去逼近圆面积；古印度的数学家，采用类似切西瓜的办法，把圆切成许多小瓣，再把这些小瓣对接成一个长方形，用长方形的面积去代替圆面积（如图4-5 所示）。

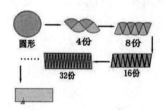

图 4-5　求解圆的面积

众多的古代数学家煞费苦心，巧妙构思，为求圆面积做出了十分宝贵的贡献，为后人解决这个问题开辟了道路。他们的方法无外乎使用近似的方法，将一个圆切分成若干小等分，组合成一个矩形来替代圆。

这也是微积分的数学基础。

4.3.2　机器学习基础理论——函数逼近

对于机器学习来说，机器学习的算法理论基础即函数逼近。

在机器学习中，能够对标识或未标识的数据进行分类是机器学习的最终目的。分类的确定是由学习模型所创建的，而模型的建立则又是根据算法的不同去拟合和创建的。

在机器学习的理论中，对于数据模型来说，找到一个完全符合数据分类的模型是不可能的，因此借助于更多更细的对数据的划分去创建一个可以划分数据的模型是可行的。

图 4-6 展现了一个对不规则曲线求面积的方法。对于不规则的面积，一般情况下很难直接计算到面积的准确大小。可以变相地利用更多的小矩形组合在一起来求近似值，当求出更多小矩形的面积之和时，即可近似地视为曲线面积。

这就是函数逼近的方法。

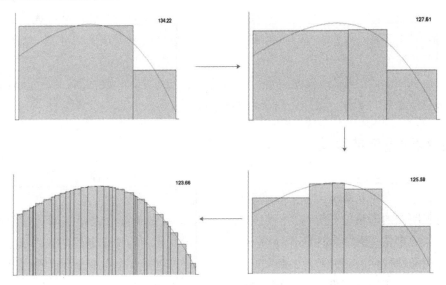

图 4-6　面积函数逼近图

一般来说，函数逼近在机器学习中是一个巨大的分类，其中包含着多种拟合方法和算法。图 4-7 展示了机器学习主要算法的分类。

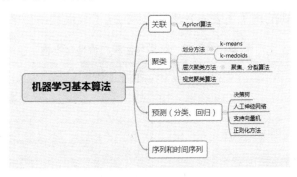

图 4-7　机器学习基本算法

其中可以看到，机器学习的基本算法内容包含多种机器学习的成熟算法。这些算法的使用范围相当广泛,在本书的后续章节中将会逐一进行介绍。一般来说,函数逼近问题被划分在预测算法之中,主要应用在自然语言处理、网络搜索服务以及精准推荐等方面。

这里主要介绍机器学习中的函数逼近,其中最常用和最重要的方法就是回归算法。

4.4 回归算法

据说"回归"这个词最早出现于一位英国遗传学家的研究工作中。他在平常的工作中注意到一个奇怪的现象,一般的孩子身高与父母的身高并不成正比,即并不是父母越高、孩子越高。

他经过长时间的研究发现,若父母的身高高于一般的社会平均人群身高,则其子女身高具有较大可能变得矮小,即会比其父母的身高矮一些,更加向社会的普通身高靠拢。若父母身高低于社会人群平均身高,则其子女身高倾向于变高,即更接近于大众平均身高。此现象在其论文中被称为回归现象。

回归也是机器学习的基础。本节将介绍两种主要回归算法,即线性回归和逻辑回归,它们是回归算法中最重要的部分,也是机器学习的核心算法。

4.4.1 函数逼近经典算法——线性回归算法

前面已经提到过,在本书中将尽量少用数学公式而是采用浅显易懂的方法去解释一些机器学习中用到的基本理论和算法。本节的难度略有提高。

首先对于回归的理论进行解释:回归分析(regression analysis)是确定两种或两种以上变数间相互依赖的定量关系的一种统计分析方法。按照自变量和因变量之间的关系类型,可分为线性回归分析和非线性回归分析。如果在回归分析中,只包括一个自变量和一个因变量,且二者的关系可用一条直线近似表示,那么这种回归分析称为一元线性回归分析。如果回归分析中包括两个或两个以上的自变量,且因变量和自变量之间是线性关系,那么它称为多元线性回归分析。

换句话说,回归算法是一种基于已有数据的预测算法,目的是研究数据特征因子与结果之间的因果关系。举个经典的例子,表 4-1 表示为某地区房屋面积与价格之间的一个对应表。

表 4-1 某地区房屋面积与价格对应表

价格/千元	面积/平方米
200	105
165	80
184.5	120
116	70.8
270	150

为了简单起见,在该表中只计算了一个特征值(房屋的面积)以及一个结果数据(房屋的价格),由此可以使用数据集构建一个直角坐标系,如图 4-8 所示。

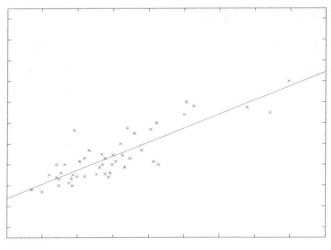

图 4-8　房屋面积与价格回归表

数据集的目的是建立一个线性方程组，能够对所有的点距离无限地接近，即价格能够根据房屋的面积大小决定。

可以据此得到一个线性方程组：

$$h_\theta(x) = \theta_0 + \theta_1 x$$

更进一步，如果将其设计成为一个多元线性回归的计算模型，例如添加一个新的变量，即独立卧室数，那么数据表如表 4-2 所示。

表 4-2　某地区房屋面积与价格对应表

价格/千元	面积/平方米	卧室/个
200	105	3
165	80	2
184.5	120	2
116	70.8	1
270	150	4

据此得到的线性方程组为：

$$h_\theta(x) = \theta_0 + \theta_1 x + \theta_2 x$$

回归计算的建模能力是非常强大的，可以根据每个特征去计算结果，能够较好地体现特征值的影响。同时从上面的内容可以看出，每个回归模型都可以由一个回归函数表示出来，以较好地表现出特征与结果之间的关系。

以上内容为初等数学内容，读者可以较好地掌握。但是请不要认为这些内容不重要，因为这是机器学习中线性回归的基础。

4.4.2 线性回归的姐妹——逻辑回归

我们在前面已经提到,在本书中将最少地使用数学公式,转而采用浅显易懂的方法去解释一些机器学习中用到的基本理论和算法。本小节难度较大,读者可以不看数理理论部分。

逻辑回归主要是应用在分类领域,主要作用是对不同性质的数据进行分类标识。逻辑回归是在线性回归的算法上发展起来的,提供一个系数 θ,并对其进行求值。基于这一点,逻辑回归可以较好地提供理论支持和不同算法,轻松地对数据集进行分类。

图 4-9 表示房屋面积与价格回归表,这里使用逻辑回归算法对房屋价格进行了分类。可以看到,上面的点被较好地分成了两个部分,这也是在计算时要求区分的内容。

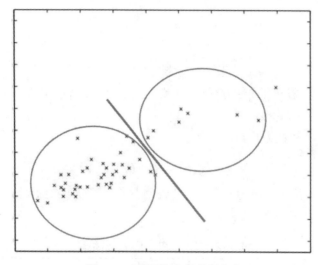

图 4-9 房屋面积与价格回归表

逻辑回归的具体公式如下所示:

$$f(x) = \frac{1}{1 + \exp(-\theta^T x)}$$

与线性回归相同,这里的 θ 是逻辑回归的参数,即回归系数。若将其进一步变形,反映二元分类问题,则公式为:

$$f(y = 1 | x, \theta) = \frac{1}{1 + \exp(-\theta^T x)}$$

这里的 y 值是由已有的数据集中的数据和 θ 共同决定的。实际上这个公式求的是在满足一定条件下最终取值的对数概率,即对数据集可能性的比值做对数变换得到。利用公式可表示为:

$$\log(x) = \ln\left(\frac{f(y = 1 | x, \theta)}{f(y = 0 | x, \theta)}\right) = \theta_0 + \theta_1 x_1 + \theta_2 x_2 + \cdots + \theta_n x_n$$

通过这个逻辑回归倒推公式可知,最终逻辑回归的计算可以由数据集的特征向量与系数 θ 共同完成,然后求得加权和,得到最终的判断结果。

由前面的数学分析来看，最终逻辑回归问题又称为对系数 θ 的求值问题。这里读者只需要知道原理即可。

4.5 机器学习的其他算法——决策树

除了回归算法外，机器学习还有其他较为常用的学习算法，这里只介绍一个，即决策树算法。

决策树是在已知各种情况发生概率的基础上，通过构成决策树来求取净现值的期望值大于等于零的概率，评价项目风险。判断其可行性的决策分析方法是直观运用概率分析的一种图解法。由于这种决策分支画成图形很像一棵树的枝干，因此称为决策树。本节主要介绍决策树的构建算法和运行示例。

4.5.1 水晶球的秘密

相信读者都玩过这样一个游戏。有一个神秘的水晶球摆放在桌子中央，一个低沉的声音（一般是女性）会问你许多如下问题。

问：你在想一个人，让我猜猜这个人是男性？

答：不是的。

问：这个人是你的亲属？

答：是的。

问：这个人比你年长？

答：是的。

问：这个人对你很好？

答：是的。

那么聪明的读者也应该能猜得出来，这个问题的最终答案是："母亲"。这是一个常见的游戏，但是如果将其作为一个整体去研究，那么整个系统的结构将如图 4-10 所示。

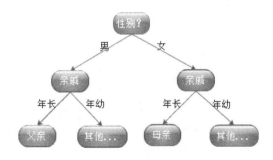

图 4-10　水晶球的秘密

如果读者使用过项目流程图，就可以知道，系统最高处代表根节点是系统的开始。整个系统类似于一个项目分解流程图，其中每个分支和树叶代表一个分支向量，每个节点代表一个输出结果或分类。

决策树用以预测的是一个固定的对象，从根到叶节点的一条特定路线就是一个分类规则，决定这一个分类算法和结果。

由图 4-10 可以看到，决策树的生成算法是从根部开始的，输入一系列带有标签分类的示例（向量），从而构造出一系列的决策节点。其节点又称为逻辑判断，表示该属性的某个分支（属性），供下一步继续判定。一般有几个分支就有几条有向的线作为类别标记。

4.5.2　决策树的算法基础——信息熵

信息熵指的是对事件中不确定的信息的度量。在一个事件或者属性中，信息熵越大，含有的不确定信息越大，对数据分析的计算就越有益。因此信息熵总是选择当前事件中拥有最高信息熵的那个属性作为待测属性。

问题来了，如何计算一个属性中所包含的信息熵呢？

在一个事件中，需要计算各个属性的不同信息熵，需要考虑和掌握的是所有属性可能发生的平均不确定性。如果其中有 n 种属性，其对应的概率为 P_1、P_2、P_3、……、P_n，且各属性相互独立，无相关性，此时可以将信息熵定义为单个属性的对数平均值，即：

$$E(P) = E(-\log p_i) = -\sum p_i \log p_i$$

为了更好地解释信息熵的含义，这里举一个例子。

小明喜欢出去玩，大多数的情况下他会选择天气好的时候出去，但是有时候也会选择天气差的时候出去，而天气的标准又有如下 4 个属性：

- 温度
- 起风
- 下雨
- 湿度

为了简便起见，这里每个属性只设置两个值，0 和 1：温度高用 1 表示，低用 0；起风用 1 表示，没有用 0；下雨用 1 表示，没有用 0；湿度高用 1 表示，低用 0。表 4-3 给出了一个具体的记录。

表 4-3　是否出去玩的记录

出去玩（out）	起风（wind）	下雨（rain）	湿度（humidity）	温度（temperature）
1	0	0	1	1
0	0	1	1	1
0	1	0	0	0
1	1	0	0	1
1	0	0	0	1
1	1	0	0	1

本例子需要分别计算各个属性的熵，这里以是否出去玩的熵计算为例，演示计算过程。

根据公式首先计算出去玩的概率（有 2 个不同的值，0 和 1）。例如，第一列出去玩标签有 2 个不同的值（0 和 1），其中 1 出现了 4 次而 0 出现了 2 次，因此根据公式可以得到：

$$p_1 = \frac{4}{2+4} = \frac{4}{6}$$

$$p_2 = \frac{2}{2+4} = \frac{2}{6}$$

$$E(o) = -\sum p_i \log p_i = -(\frac{4}{6}\log_2 \frac{4}{6}) - (\frac{2}{6}\log_2 \frac{2}{6}) \approx 0.918$$

即出去玩（out）的信息熵为 0.918。与此类似，可以计算不同属性的信息熵，即：

- $E(\text{t}) = 0.809$
- $E(\text{w}) = 0.459$
- $E(\text{r}) = 0.602$
- $E(\text{h}) = 0.874$

4.5.3　决策树的算法基础——ID3 算法

ID3 算法是基于信息熵的一种经典决策树构建算法。根据百度百科的解释，ID3 算法是一种贪心算法，用来构造决策树。ID3 算法起源于概念学习系统（CLS），以信息熵的下降速度为选取测试属性的标准，即在每个节点选取还尚未被用来划分、具有最高信息增益的属性作为划分标准，然后继续这个过程，直到生成的决策树能完美分类训练样例。

因此可以说，ID3 算法的核心就是信息增益的计算。信息增益指的是一个事件中前后发生的不同信息之间的差值，换句话说就是在决策树的生成过程中属性选择划分前和划分后不同的信息熵差值。用公式可表示为：

$$\text{Gain}(P_1, P_2) = E(P_1) - E(P_2)$$

表 4-3 构建的最终决策是要求确定小明是否出去玩，因此可以将出去玩的信息熵作为最后的数值，将每个不同的属性与其相减，从而获得对应的信息增益，结果如下：

- $\text{Gain}(o,t) = 0.918 - 0.809 = 0.109$
- $\text{Gain}(o,w) = 0.918 - 0.459 = 0.459$
- $\text{Gain}(o,r) = 0.918 - 0.602 = 0.316$
- $\text{Gain}(o,h) = 0.918 - 0.874 = 0.044$

通过计算可得，其中信息增益最大的是"起风"，它首先被选中作为决策树根节点，之后将每个属性继续引入分支节点，从而可得一个新的决策树，如图 4-11 所示。

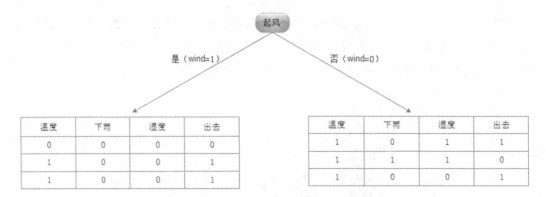

图 4-11　第一个增益决定后的分步决策树

其中，属性中 wind 为 1 的所有其他属性归为决策树左边节点，而 wind 属性为 0 的被分成另外一个节点。之后继续仿照计算信息增益的方法，依次对左右的节点进行递归计算，最终结果如图 4-12 所示。

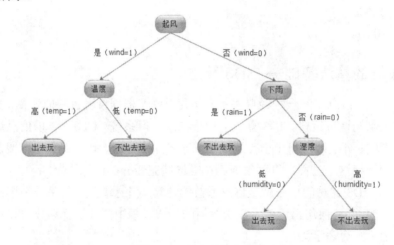

图 4-12　出去玩的决策树

从图中可以看到，根据信息增益的计算可以很容易地构建一个将信息熵降低的决策树，从而使不确定性达到最小。

通过上述分析可知，对于决策树来说，模型的训练是固定的，因此生成的决策树也是一定的；其中不同的地方在于训练的数据集，这点是需要注意的。在本书的后面，会写出一个决策树的代码实现，请读者注意。

4.6　本章小结

在前面的内容中已经介绍了机器学习的分类和常用算法，对最常用的算法原理有了一定介绍。但是除了最基本的算法，机器学习在实际应用中还有其他需要注意的地方。

　　机器学习算法的分类是多种多样的，可采用的算法也很多，在实际工作中采用何种算法是一个令程序设计人员非常头疼的问题。

　　在前文介绍机器学习时已经举了例子，使用线性回归可以量化地计算出房屋面积、卧室与房屋价格之间的关系。也许这个关系不太精确，但是可以较好地反映出各个属性之间是否有联系，以更好地帮助读者对一些不能够直接反映的量转化为量化处理。

　　除了一般性的训练方法外，线性回归对于特征值的选择也较为简单，可以选择一般性的数据作为其计算的特征值，在计算时也应该选择比较容易计算的拟合方程去构建机器学习模型，这些使用场景线性回归均能够满足。

　　线性回归算法的好处首先在于计算速度非常快。一般模型建立的时间可以压缩到几分钟，甚至对于数百吉字节（GB）的网络大数据，也可以在数小时之内完成，非常有利于借助分布式系统对大数据进行处理。其次对于一些问题的求解，线性回归方法能够比其他算法有更好的性能。综合起来看，一些问题并不需要复杂的算法模型，而是需要对数据的复杂度和数据集的大小进行综合考虑，所以线性回归模型能够取得更好的整体模型算法效果。

第 5 章

◀ 计算机视觉处理库OpenCV ▶

OpenCV（Open Source Computer Vision Library）是 Intel 公司所支持开发的一个计算机视觉处理开源软件库，采用 C 和 C++编写，也提供了 Python、Matlab 等语言的接口，并且可以自由地运行在 Linux/Windows/Mac 等多平台操作系统上。

OpenCV 的目标是让使用者能够通过合理的使用和搭配，构建一个简单易用的计算机视觉处理框架，能够便捷地设计更为复杂的计算机视觉的相关应用，而且 OpenCV 充分利用了 Intel 处理器的高性能多媒体函数库，优化了性能，提高了运行速度。

目前来说，OpenCV 所包含的能够进行视觉处理的函数和方法接近 1000 个，已经能够极大地满足各行各业的需求，覆盖了医学影像、设计外观、定位标记、生物体检测等多个行业领域。

5.1 认识 OpenCV

在第 2 章的内容中，作者带领读者通过下载编译好的 whl 文件的方法简单地安装完 OpenCV，并且可以直接在 Python 中使用。本章将全面介绍 OpenCV 的使用。从基本结构入手，之后通过使用 OpenCV 读取一幅图片，学习使用 OpenCV，并逐渐深入，掌握使用 OpenCV 处理各种图片数据的方法，为使用神经网络处理数据打下基础。

5.1.1　OpenCV 的结构

初学 OpenCV 时，应该先了解一下 OpenCV 的整体模块架构，再重点学习和突破自己感兴趣的部分，就会有得心应手、一览众山小的学习体验。

进入到 OpenCV 在 Anaconda 的安装目录（一般在...\Anaconda3\pkgs\opencv-3.3.1-py36h20b85fd_1\Library\include\opencv2），可以看到 opencv 和 opencv2 两个文件夹。opencv 文件夹里面包含旧版的头文件，opencv2 文件夹里面包含新版 OpenCV2 系列的头文件。

opencv 文件夹如图 5-1 所示。

图 5-1　opencv 文件夹的文件

opencv2 文件夹在...\opencv\build\include\opencv2 目录下，其内容如图 5-2 所示。

图 5-2　opencv2 文件夹的文件目录

OpenCV2 中与新模块构造相关的说明代码存放在同一文件夹中的 opencv_modules.hpp 文件里，打开这个文件可以发现其定义的是 OpenCV2 所有组件的宏，具体如下：

（1）【calib3d】——Calibration（校准）和 3D 这两个词的组合缩写。这个模块主要是相机校准和三维重建相关的内容，包括基本的多视角几何算法、单个立体摄像头标定、物体姿态估计、立体相似性算法、3D 信息的重建等。

（2）【contrib】——Contribute/Experimental Stuf 的缩写。该模块包含了一些不太稳定的可选功能，比如人脸识别、立体匹配、人工视网膜模型等技术。

（3）【core】——核心功能模块和 OpenCV 基本数据结构，包含如下内容：

- 动态数据结构
- 绘图函数
- 数组操作相关函数
- 辅助功能与系统函数和宏
- 与 OpenGL 的互操作

（4）【imgproc】——Image 和 Process 这两个单词的缩写组合，图像处理模块，包含如下内容：

- 线性和非线性的图像滤波
- 图像的几何变换
- 其他的图像变换
- 直方图相关
- 结构分析和形状描述
- 运动分析和对象跟踪
- 特征检测
- 目标检测

......

（5）【feature2d】——2D 功能框架，包含如下内容：

- 特征检测和描述
- 特征检测器（Fearure Detectors）通用接口
- 描述符提取器（Description Extracters）通用接口
- 描述符匹配器（Description Eatchers）通用接口
- 通用描述符（Generic Description）匹配器通用接口
- 关键点绘制函数和匹配功能绘制函数

（6）【flann】——Fast Library For Approximate Nearest Neighbors，高维的近似近邻快速搜索算法库，包含两个部分：

- 快速近似最近邻搜索
- 聚类

（7）【GPU】——运用 GPU 加速的计算机视觉模块。

（8）【highgui】——高层 GUI 图形用户界面，包含媒体的输入输出、视频捕捉、图像和视频的解码编码、图形交互界面的接口等内容。

（9）【legacy】——一些已经废弃的代码库，保留下来作为向下兼容，包含如下内容：

- 运动分析
- 期望最大化
- 直方图
- 平面细分（C API）
- 特征检测和描述（Feature Detection and Description）
- 描述符提取器（Description Extracter）的通用接口
- 通用描述符匹配器（Generic Description Matchers）的通用接口
- 匹配器

（10）【ml】——Machine Learning，机器学习模块，基本上是统计模型和分类算法，包含如下内容：

- 统计模型（Statistical Models）
- 一般贝叶斯分类器（Normal Bayes Classifier）
- K-近邻（K-NearestNeighbors）
- 支持向量机（Support Vector Machines）
- 决策树（Decision Trees）
- 提升（Boosting）
- 梯度提高树（Gradient Boosted Trees）
- 随机树（Random Trees）
- 超随机树（Extremely randomized trees）
- 期望最大化（Expectation Maximization）
- 神经网络（Neural Networks）
- MLData

（11）【nonfree】——一些具有专利的算法模块，包含特征检测和 GPU 相关的内容。

（12）【objdetect】——目标检测模块，包含 Cascade Classification（级联分类）和 Latent SVM 两个部分。

（13）【ocl】——OpenCL-accelerated Computer Vision，运用 OpenCL 加速的计算机视觉组件模块。

（14）【photo】——Computational Photography，包含图像修复和图像去噪两部分。

（15）【stitching】——images stitching，图像拼接模块，包含如下部分：

- 拼接流水线
- 特点寻找和匹配图像
- 估计旋转
- 自动校准
- 图片歪斜
- 接缝估测

- 曝光补偿
- 图片混合

（16）【superres】——SuperResolution，超分辨率技术的相关功能模块。

（17）【ts】——OpenCV 测试相关代码。

（18）【video】——视频分析组件，该模块包括运动估计、背景分离、对象跟踪等视频处理相关内容。

（19）【Videostab】——Video stabilization，视频稳定相关的组件。

5.1.2　从雪花电视谈起——在 Python 中使用 OpenCV

在正式讲解 OpenCV 在 Python 中的使用之前，读者首先需要了解一个概念，那就是使用 OpenCV 读取任何图片均是将其转化成二维矩阵进行。

例如，将一幅图片使用 OpenCV 读取到内存中，其保存形态为二维矩阵，以 2.4 节中读取图片为例：

```
jpg = cv2.imread("1.jpg")
print(jpg.shape)
```

打印结果如下：

```
(398, 410, 3)
```

可以看到，这里的图片被读取成为一个大小为[398,410,3]的矩阵，这是一个三维矩阵，由 3 个[398,410]矩阵构成。例如打印第一个矩阵：

```
jpg = cv2.imread("1.jpg")
print(jpg[:,:,0])
```

结果如下：

```
[[ 70  67  65 ... 116 117 116]
 [ 68  66  64 ... 117 122 120]
 [ 65  64  61 ... 119 129 127]
 ...
 [ 71  60  51 ...  75  68  61]
 [ 60  46  42 ...  76  66  59]
 [ 52  34  33 ...  77  64  57]]
```

这是一个[398,410]大小的矩阵，如果以图片的形式显示，结果如图 5-3 所示。

图 5-3　单幅图片打印

有兴趣的读者可以打印其他 2 幅单页画面。

下面使用一个有趣的小例子对本节进行一个总结，这里通过 random 函数随机生成一个三维数据并将其进行现实，代码如下：

【程序 5-1】

```
import cv2
import numpy as np

while True:
    noiseTV = np.random.random((600, 800, 3))
    noiseTV *= 50
    noiseTV = noiseTV.round()
    cv2.imshow("noiseTV", noiseTV)
    if cv2.waitKey(1) & 0xff == ord('q'):
        break
```

这是一个模仿老式黑白电视的噪声图，有兴趣的读者可以自行运行查看。

5.2　OpenCV 基本的图片读取

OpenCV 可以读取各种类型的图像数据，例如常用的 jpg、bmp、png、tiff、pbm 等。除此之外，OpenCV 基本上还支持所有的图像格式。本节将学习使用 OpenCV 代码对图片进行基本的读取和显示操作。

5.2.1　基本的图片存储格式

在介绍 OpenCV 的使用之前，希望读者能够了解基本的数据存储形式。在计算机中，图片是以矩阵的形式存储在存储介质中的。

例如，首先通过 NumPy 创建一个长、宽各为 300 的矩阵，各个点的值为 0。

```
img = np.mat(np.zeros((300,300)))
```

从数值上看，这是一个[300,300]的矩阵，矩阵中每个具体数值为 0。但是从图片角度来看，它表示我们创建了一个 300×300 像素的图片，其中每个像素点的颜色均为黑色。

通过 OpenCV 代码显示这张图片，代码如下：

```
cv2.imshow("test",img)
cv2.waitKey(0)
```

第一行是 cv2 输出图片的固定写法，将刚才生成的一个矩阵以图片的形式在使用者输出端显示，之后 waitKey 方法要求输出的图像暂时等待，可以通过手动操作的形式取消图片显示。

完整代码如程序 5-2 所示。

【程序 5-2】

```
import numpy as np
import cv2
img = np.mat(np.zeros((300,300)))
cv2.imshow("test",img)
cv2.waitKey(0)
```

程序运行结果如图 5-4 所示。

图 5-4　程序运行结果

在图像生成时,每个像素都是由一个 8 位的整数来表示的,即每个像素值的范围是 0~255。

补充一下,在生成像素块的时候,有时需要人为地指定数据格式,例如上面程序语句应该以如下方式指定:

```
img = np.mat(np.zeros((300,300),dtype = np.uint8))
```

 读者可以自行生成一个多维矩阵,之后通过随机注入数值的方式将矩阵填满,再查看显示的结果。

细心的读者可能已经发现,在本例中,生成的是一个一维的黑色图片。但是现实中的图片一般都是由红、绿、蓝三种颜色所构成的,即基本的三基色,从而在图片显示时由一个 3 通道的数据集负责图片的整体显示。

OpenCV 同样提供了此方法:

```
img = cv2.cvtColor(img,cv2.COLOR_GRAY2BGR)
```

这里强制将原始的一维图片转化为三维图片,读者可以通过如下方法查看通道数目:

```
print(img.shape)
```

显示结果如下:

```
(300, 300, 3)
```

可以看到,原本一维的数据被分成了 3 个维度,在图片中分别代表 R、G、B 三个颜色通道,虽然生成的图片依旧是黑色,但是在数据处理时整个图片已经是由三维图片叠加而成。

图 5-5 显示的是一个 3 通道的图像在 OpenCV 分解的图示。

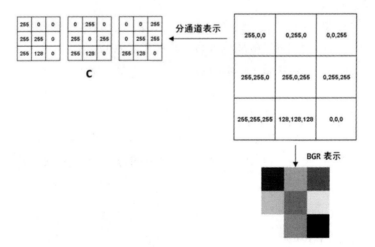

图 5-5　三维图片的显示和存储

可以看到,一个图片被分解成一个 3 个维度的数组,每个维度显示一个颜色的值。值得一提的是，在 OpenCV 中，使用的是与大多数 RGB 通道不同的 BGR 通道，即第一个元素是蓝色（Blue）、第二个颜色是绿色（Green）、第三个颜色是红色（Red）。

请读者自行打印验证。

5.2.2 图像的读取与存储

对于基本类型的图片，OpenCV 提供了图片的读取与写入操作。imread 和 imwrite 方法分别是 OpenCV 的读方法和写方法。代码如下：

```
image = cv2.imread("jpg1.jpg",cv2.IMREAD_GRAYSCALE)
cv2.imwrite("jpg11.png",image)
```

可以看到，cv2 调用了 imread 方法从当前目录下读取了文件。这里需要注意的是，在读取的同时图片被自动读取为灰度图。

第二行代码将所读取的图片存储到当前目录下，这里传入 2 个参数，第一个为图片的存储名称，并且图片由 jpg 格式改变为 png 格式存储；第二个参数为内存中所要存储的目标。

在保存的时候，OpenCV 没有多通道或者单通道这一说法，根据文件设置的后缀名和对应的文件维度自动判断保存的通道并进行自动保存。

OpenCV 在进行数据读写的时候，imread()函数会删除所有图片的 alpha 通道信息，imwrite() 函数则要求输出的图片格式为 BGR 或者灰度图。

5.2.3 图像的转换

借由 imwrite()函数可以自由地对图像存储的格式进行转换，例如将 jpg 文件转化为 png 格式的文件，但是从深入到更底层的基础上看，任何一个字节都可以表示成 0~255 的任何一个数。在程序 5-1 中，作者通过创建矩阵并显式地向读者展示了这一个过程，下面将更为详细地描述这方面的内容。

一个 OpenCV 图片由一个 array 类型的多维数组所构成，每个维度默认是 8 位，一个三维的 BGR 图像就可以认为是一个 24 位的三维数组。

既然图片可以被人为地表示为一个多维数组，并且其在计算机中存储的本质也是如此，那么可以通过访问平常数组的形式访问这些值。例如 img[0,0]或者 img[0,0,0]，这里前 2 个值是像素的坐标，第三个值显示的是对应的颜色通道。

在计算机中，任何一个图片的存储都占有一定的空间。为了减少图片的存储，以便于在有限的内存中更进一步地转换，可以通过 Python 自带的方法将每个图片转化成标准的一维 Python bytearray 格式，方法如下：

```
imageByteArray = bytearray(image)
```

程序打印结果如图 5-6 所示。

```
\xfa\xfe\xfb\xfd\xff\xfd\xff\xff\xfd\xff\xff\xfd\xff\xff\xfd\xff\xff\xfe\xff\xff
\xfc\xf8\xfd\xff\xfb\xff\xff\xfc\xff\xff\xfb\xff\xff\xfb\xff\xf1\xed\xf3\xe2\xde
\xfd\xfd\xfd\xfd\xfd\xfe\xfe\xfe\xfe\xfe\xfe\xfe\xfe\xfe\xfe\xfe\xfe\xfe\xfe\xfe
\xfd\xfe\xfe\xfe\xfe\xfe\xfe\xff\xff\xff\xff\xff\xff\xfe\xfe\xfe\xfe\xfe\xfe\xfd
\xfd\xfd\xfd\xfe\xfe\xfe\xff\xff\xff\xfe\xfe\xfe\xfd\xfd\xfd\xff\xf9\xfe\xfd\xf7
\xfe\xfe\xff\xff\xff\xff\xff\xff\xfe\xfe\xfe\xfe\xfe\xfe\xfe\xfe\xfe\xfe\xfe\xfe
\xfe\xff\xfe\xff\xff\xfe\xff\xff\xfd\xff\xff\xfd\xff\xff\xfd\xff\xff\xfd\xff\xff
\xfc\xf9\xfb\xfd\xfa\xfc\xff\xfd\xff\xff\xfe\xff\xfe\xfb\xfd\xfb\xf6\xf8\xe9\xe3
\xf2\xf7\xff\xfc\xfe\xff\xfc\xfe\xff\xff\xff\xff\xfd\xfd\xff\xfe\xfe\xff\xfe\xfe
\xdf\xe5\xde\xe5\xfd\xf6\xfd\xff\xf8\xff\xfe\xf7\xfe\xf5\xee\xf5\xec\xe5\xec\xea
\xe9\xe0\xed\xd6\xcd\xda\xd5\xcb\xdb\xe1\xd7\xe7\xeb\xe1\xf1\xed\xe3\xf3\xeb\xe1
\xe3\xf7\xe5\xd9\xef\xd4\xc7\xdf\xd0\xc3\xdb\xde\xd1\xeb\xf2\xee\xf3\xf3\xef\xf5
\xcf\xcc\xc2\xd9\xd3\xc9\xe0\xd1\xc6\xe0\xda\xd0\xe7\xdb\xd2\xe7\xd9\xd0\xe4\xdc
\xf8\xf2\xfd\xfc\xf7\xff\xf5\xf0\xf9\xe6\xe1\xea\xe1\xdc\xe5\xec\xe7\xf0\xf8\xf3
```

图 5-6　Python bytearray 的存储格式

图 5-6 中显示的只是一部分数值，具体可以请读者自行打印验证。

同样，bytearray 可以通过矩阵重构的方法还原为原本的图片矩阵，标准的写法如下：

```
imageBGR = np.array(imageByteArray).reshape(300,300)
```

np 是前期导入的 NumPy 模块的简称，通过 array 方法读取已经被转化后的数组文件，之后将数组重构成一个[300,300]的矩阵。完整代码如下：

【程序 5-3】

```
import numpy as np
import cv2
image = np.mat(np.zeros((300,300)))
imageByteArray = bytearray(image)
print(imageByteArray)
imageBGR = np.array(imageByteArray).reshape(300,300)
cv2.imshow("cool",imageBGR)
cv2.waitKey(0)
```

程序 5-3 将生成的一个[300,300]矩阵按数组的形式转化并打印，之后通过调用 NumPy 中数组处理函数将其重构并显示。具体内容请读者自行完成。

【程序 5-4】

```
import cv2
import numpy as np
import os

randomByteArray = bytearray(os.urandom(120000))
flatNumpyArray = np.array(randomByteArray).reshape(300,400)
cv2.imshow("cool",flatNumpyArray)
cv2.waitKey(0)
```

程序 5-4 为读者展示了随机生成的一个长度为 120000 的数组，之后将其重构为[300,400]的矩阵，再将其在显示器上显示。

5.2.4 使用 NumPy 模块对图像进行编辑

前面已经对一幅图像在计算机中的生成、存储以及 OpenCV 操作做了基本的介绍，但是只掌握这些还不够，对图像处理来说，需要更多的手段和方法对其进行操作和处理。

前面也通过代码进行了演示。在 OpenCV 中，最便捷的获取图像的方式是使用 imread 函数来读取数据。该函数能够从目标位置读取一个图像（是一个数组），并且根据设置的不同可能是二维的也可能是三维的。

下面通过一个简单的例子说明如何利用数组的操作来修改图片的颜色。

【程序 5-5】

```
import cv2
import numpy as np
img = np.zeros((300,300))
img[0,0] = 255
cv2.imshow("img",img)
cv2.waitKey(0)
```

程序 5-5 生成了一个[300,300]的黑色方块，之后将矩阵的[0，0]位置修改为数值 255，用颜色表示的话就是白色的一个点，那么整体结果就是一个方块的左上角有一个白色的点。具体如图 5-7 所示。

图 5-7 具有一个白点的黑色图

如果需要对一行或者一列进行操作，NumPy 同样提供了方便的操作方法。

【程序 5-6】

```
import cv2
import numpy as np
img = np.zeros((300,300))
img[: ,10] = 255
img[10,: ] = 255
```

```
cv2.imshow("img",img)
cv2.waitKey(0)
```

这样的操作是对生成的黑色图片进行操作，画出了横、竖两条白线，具体如图 5-8 所示。

图 5-8　含有白线的黑色图

使用 NumPy 数组操作的方式对图片进行处理主要的原因有两个：首先，NumPy 是专门进行数组操作的 Python 模块，有很多专门的处理函数，以完成更多的任务；其次，它在性能上是经过专门优化的，在规模较大的数据矩阵上有更好的操作性。

使用同样的方法可以对矩阵的一个块进行操作，这个操作请读者自行完成。

5.3　OpenCV 的卷积核处理

在上一节中介绍了基本的图像创建等操作，读者对使用 OpenCV 对图像进行最基本的操作有了了解，但是对图像进行读取仅仅是一个最基本的开始，对图像的处理才是读者真正需要掌握的内容。

5.3.1　计算机视觉的三种不同色彩空间

在色彩学中，人们建立了多种色彩模型，以一维、二维、三维甚至四维空间坐标来表示某一色彩。这种坐标系统所能定义的色彩范围即色彩空间。

OpenCV 中可以操作和使用的色彩空间有上百种之多，但是对于计算机视觉处理来说，一般常用的色彩空间有三种，即灰度、BGR 以及 HSV。

● 灰度：将图片中的彩色信息去除，只保留黑白信息的色彩空间称为灰度空间。一般而言，灰度空间对人脸的处理特别有效。

● BGR：蓝绿红空间。在这个空间中，每个像素都是由一个三维数组表示的，分别代表蓝、绿、红这三种颜色。BGR 也是 OpenCV 主要的色彩空间。

● HSV：H 是色调，S 是饱和度，V 是黑色度，一般用于数字相机对彩色图片的处理。

 在学习前一小节和本小节的内容时，有读者可能会尝试使用不同的颜色合成对彩色图片进行操作，但是色彩合成的结果并不是如文字描述的那样。这实际上是由于显示器的显示色素不同造成的差异，请读者不要怀疑 OpenCV 的显示差异。

5.3.2 卷积核与图像特征提取

在 OpenCV 以及平常的图像处理中，卷积核是一种常用的图像处理工具。其主要方法是通过确定的核块来检测图像的某个区域,之后根据所检测的像素与其周围存在的像素的亮度差值来改变像素明亮度。

例如：

```
kernel33 = np.array[[-1,-1,-1],
          [-1,8,-1],
          [-1,-1,-1]]
```

这是一个[3,3]的卷积核，其作用是计算中央像素与周围临近像素的亮度差值。如果亮度差值差距过大，本身图像的中央亮度较少，那么经过卷积核以后，中央像素的亮度会增加。即如果一个像素比它周围的像素更加突出，就会提升其本身的亮度。

与之相反的是：

```
kernel33 = np.array[[1,1,1],
          [1,-8,1],
          [1,1,1]]
```

这个核的作用是减少中心像素的亮度，如果一个像素比其周围的像素更加昏暗，它的亮度就会更进一步地减少。

【程序 5-7】

```
import numpy as np
import cv2
from scipy import ndimage

kernel33 = np.array([[-1,-1,-1],
               [-1,8,-1],
               [-1,-1,-1]])

kernel33_D = np.array([[1,1,1],
```

```
                    [1,-8,1],
                    [1,1,1]])

img = cv2.imread("lena.jpg",0)
linghtImg = ndimage.convolve(img,kernel33_D)
cv2.imshow("img",linghtImg)
cv2.waitKey()
```

程序 5-7 执行结果如图 5-9 所示。

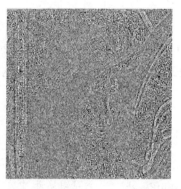

图 5-9　执行降低亮度后的图片

对于程序 5-7，首先需要介绍的是 ndimage，它是一个处理多维图像的函数库，其中包括图像滤波器、傅立叶变换、图像的旋转拉伸以及测量和形态学处理等。

这里使用上文定义的一个 3×3 卷积核将读入的图像进行颜色降低，只是由于卷积核降低的程度较大，最后完全失真，使得图片失去了能够表现其形式的特征图谱。

卷积核是图像处理中一个非常重要的内容，不仅在 OpenCV 中，在后续的卷积神经网络中也将大量使用。

换一种卷积特征提取的方法，借用高斯模糊（这也是一种特征提取的常用函数）进行处理，结果如图 5-10 所示。

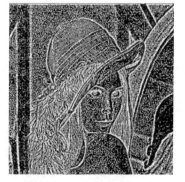

图 5-10　采用高斯（Gauss）模糊处理后提取的图像特征

【程序 5-8】

```python
import numpy as np
import cv2
from scipy import ndimage

img = cv2.imread("lena.jpg",0)
blurred = cv2.GaussianBlur(img,(11,11),0)
gaussImg = img - blurred
cv2.imshow("img",gaussImg)
cv2.waitKey()
```

程序 5-8 为读者展示了使用高通滤波后处理的图像，之后求得高通滤波图与原始图的差值并显示，能更好地对图像的特征进行提取，这也是一种特征提取的常用方法。实际上，这是现实中最常用的方法。

5.3.3　卷积核进阶

在 OpenCV 中，大多数对图像处理的函数都会使用内置的卷积核。卷积核在前面已经介绍了，是通过 NumPy 创建一个三维数组来实现的。下面的程序段实现一个卷积核的计算：

```python
def convolve(dateMat,kernel):
m,n = dateMat.shape
km,kn = kernel.shape
newMat = np.ones(((m - km + 1),(n - kn + 1)))
tempMat = np.ones(((km),(kn)))
for row in range(m - km + 1):
    for col in range(n - kn + 1):
        for m_k in range(km):
            for n_k in range(kn):
                tempMat[m_k,n_k] = dateMat[(row + m_k),(col + n_k)] * kernel[m_k,n_k]
        newMat[row,col] = np.sum(tempMat)

return newMat
```

通过传入的矩阵，计算经过卷积处理后的结果以 newMat 的形式返回。具体结果请读者自行测试完成。

通过上面的代码段可以看到，实际上所谓的卷积核就是一组被赋予初始值的权重，它决定了如何对已有的像素块取值来计算新的像素块。卷积核也称为卷积矩阵，其作用是对一个区域内的临近像素做出计算，这种计算又被称为卷积计算。通常基于核的滤波器被称为卷积滤波器。

OpenCV 中也提供了常用的卷积核函数——fileter2D，通过程序设计人员指定的任意核或者卷积矩阵与目标矩阵进行计算。为了更好地理解，请参考图 5-11。

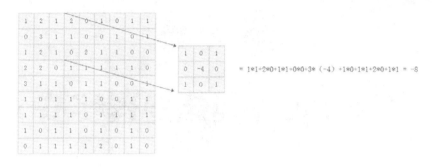

图 5-11　卷积核的计算形式

　　卷积核是一个二维数组，其中一半使用奇数行列进行标识。中心点对应于当前计算图像中最感兴趣的像素位置。其他元素对应于像素周边的临近像素点，每个元素都有一个值，这些值合在一起被称为像素上的权重。

　　例如，图 5-8 中感兴趣的像素权重为-4，而其临近像素的值为 0 或者 1。计算过程是对于感兴趣的值乘以-4，之后与周围的邻近像素计算机进行计算。在图 5-8 中，要求感兴趣的值要低于周边的值，那么通过卷积核的计算以后，这个值被人为地加大差距。顺便值得一提的是这个处理会让图像锐化，因为该像素值的值与周边值的差距增大，如果人为地减少某个目标像素值和周边值的差距，就会让整个图片钝化。

　　filter2D 的具体使用如下：

```
cv2.filter2D(src,-1,kernel,dst)
```

　　其中，src 是目标图片，-1 指的是每个目标图片的通道位深数，一般要求目标图片和生成图片的位深数一样，kernel 是图片所使用的卷积核矩阵。

　　这里需要注意的是，卷积核中所有的权重相加的和为 0。这样做的目的是在卷积核完成后，最终会得到一个边缘突出的图像卷积结果，边缘被转化为白色，而非边缘区域被转化为黑色。

　锐化、边缘检测以及模糊效果处理都需要使用不同的核。

5.4　本章小结

　　本章介绍了色彩空间的概念，学习了基本 OpenCV 的图片读取以及二进制的转换操作，对后续图片存储的作用很大。很多已有的标准图片库都是使用此种方式对图片进行存储的。

　　此外，本章还着重介绍了卷积核的使用，说明了卷积核的计算形式和本质特点。这些内容在后面将要介绍的卷积神经网络中有非常重要的作用。本章内容虽然不多，但是很重要，希望读者能够认真学习并掌握。

第 6 章

◀ OpenCV图像处理实战 ▶

在上一章中，我们对 OpenCV 做了一个基础性的介绍，内容包括最基本的图片读取和对其进行卷积化的操作。除此之外，OpenCV 还有各种不同的模块，例如视频的实时获取、摄像头定位、目标识别、运动分析等，这些都是在 TensorFlow 中需要使用的内容。

本章将继续介绍 OpenCV 的使用，主要偏重于图片的调节，这是使用 TensorFlow 进行图像处理中非常重要的一个步骤。图片的数据量也是 TensorFlow 进行图片识别的基础，因此使用 OpenCV 进行图片训练时需要大量的图片数据，而 OpenCV 提供的多种函数可以对图片进行修改，从而提供更多的基础数据，并且对图片特征的提取也能够在训练过程中辅助 TensorFlow 的训练工作。

6.1 图片的自由缩放以及边缘裁剪

图像的基本处理一般是对图片的扩缩裁挖，指的是对一张图片进行扩展、缩减、裁剪或者在图片中挖去一部分形成一个新的图片。当然除此之外还有对图片的偏移、倾斜等操作，同样可以生成一个在计算机视觉意义上的新图片。

6.1.1 图像的扩缩裁挖

对于图片的扩缩，OpenCV 提供了一个非常简单的函数——cv2.resize，这个函数可以非常简单地实现对图片的缩放。其使用方法如下：

```
img = cv2.resize(dst,(m,n))
```

resize 函数内有 2 个参数，第一个是目标图像，第二个是缩减的比例。

回顾一下前面的【程序 5-5】，生成的图片从数值上看，是一个[300,300]的矩阵，矩阵中每个具体数值为 0。但是从图片角度来看，作者创建了一个 300×300 像素的图片，其中每个像素点的颜色为黑色。

通过 OpenCV 代码显示这张图片，代码如下：

```
cv2.imshow("test",img)
cv2.waitKey(0)
```

先将一个图片读取到内存中，之后重新构造，将其改变成 300×300 的矩阵，但是此时图片的整体没有变化，只是外形发生了变化。

如果需要对图片进行截取，就需要用到以下函数：

```
img = cv2.resize(dst)
patch_tree = img[m:,n k:g]
```

这里使用截取的方法对图片进行截取，其中 m、n 以及 k、g 分别是图片截取空间的大小。截取前后的效果对比如图 6-1 所示。

图 6-1　截取后的图片

6.1.2　图像色调的调整

CV2 除了能够对图像的区域进行设置、自由拉伸和裁剪已有图像外，还可以像其他图片操作软件工具一样对图片的色彩和亮度进行调节处理，即上文所介绍的对图片的 HSV 进行处理。

HSV 中，H 指的是色调，S 是饱和度，V 是明暗度。OpenCV 采用 HSV 对色彩进行处理的最大的好处就是可以在操作时忽略图像的三通道性质，直接通过操作 HSV 进行处理。对于具体的数值，H 的取值是[0,180]，其他两个通道的取值都是[0,255]。程序 6-1 给出改变色调的处理结果，每个像素点从整体色调中减去 30 个单位的色调，即黄色被大幅度消减。

【程序 6-1】

```
import cv2
img = cv2.imread("lena.jpg")
img_hsv = cv2.cvtColor(img,cv2.COLOR_BGR2HSV)
turn_green_hsv = img_hsv.copy()
turn_green_hsv[:,:,0] = (turn_green_hsv[:,:,0] - 30 ) % 180
turn_green_img = cv2.cvtColor(turn_green_hsv,cv2.COLOR_HSV2BGR)
cv2.imshow("test",turn_green_img)
cv2.waitKey(0)
```

结果如图 6-2 所示。

图 6-2　调整色调后的图片

程序 6-1 中最关键的代码为第 5 行：

```
turn_green_hsv[:,:,0] = (turn_green_hsv[:,:,0] - 30 ) % 180
```

其中需要讲解的是等式左边的参数，括号中第一个和第二个参数分别代表图像矩阵的坐标，第三个参数代表 HSV 的选择（0 指的是色调，1 指的是饱和度，2 是明暗度）。

如果需要对图像的饱和度和明暗度进行调节，可使用如下程序。

【程序 6-2】

```
import cv2
img = cv2.imread("lena.jpg")
img_hsv = cv2.cvtColor(img,cv2.COLOR_BGR2HSV)
less_color_hsv = img_hsv.copy()
less_color_hsv[:, :, 0] = less_color_hsv[:, :, 0] * 0.6
turn_green_img = cv2.cvtColor(less_color_hsv, cv2.COLOR_HSV2BGR)
cv2.imshow("test",turn_green_img)
cv2.waitKey(0)
```

有读者可能会问，对饱和度行进调节时，括号中的第三个参数是否应为 1？其实使用 0 或者 1 只是在不同的层上进行变换，都是可以对饱和度进行调节，这一点没有确定的规定。

程序 6-2 改变了图像的饱和度，使色调变灰，并减少了一定的颜色艳度。明暗度的改变请读者自行完成。

如果要做更进一步的处理，例如提高细节，这里就需要使用 Gamma 计算。虽然 Gamma 变换主要是为了减少计算机视觉与人眼视觉的差异而做出的计算方式，但是在深度学习中可以作为噪声修改的方式增大数据量。

【程序 6-3】

```
import cv2
import numpy as np
```

```
import matplotlib.pyplot as plt

img = plt.imread("lena.jpg")
gamma_change = [np.power(x/255,0.4) * 255 for x in range(256)]
gamma_img = np.round(np.array(gamma_change)).astype(np.uint8)
img_corrected = cv2.LUT(img, gamma_img)
plt.subplot(121)
plt.imshow(img)
plt.subplot(122)
plt.imshow(img_corrected)
plt.show()
```

6.1.3　图像的旋转、平移和翻转

对图像的旋转、平移以及翻转变换是图像处理的常用手段，也是深度学习对图片处理的常用方法，可以极大地增加数据量。

OpenCV 中图像的变换主要通过仿射变换矩阵和函数 warpAffine()完成。仿射变换矩阵的模板如下：

$$M=\begin{bmatrix} a_{00} & a_{01} & b_0 \\ a_{10} & a_{11} & b_1 \end{bmatrix}$$

需要说明的是，a 是线性变换矩阵，b 是图片的平移项。

具体使用的例子如程序 6-4 所示。

【程序 6-4】

```
import cv2
import numpy as np
img = cv2.imread("lena.jpg")
M_copy_img = np.array([
  [0, 0.8, -100],
  [0.8, 0, -12]
  ], dtype=np.float32)
img_change = cv2.warpAffine(img, M_copy_img,(300,300))
cv2.imshow("test",img_change)
cv2.waitKey(0)
```

其中，M_copy_img 是仿射变换矩阵，这里前 2 个矩阵是指将已有图形缩小为原来的 80% 后逆时针旋转 90 度，之后向左平移 100 个像素，并向下平移 12 个像素。本例效果如图 6-3 所示，程序 6-4 中主要使用了 CV2 的 warpAffine 函数（仿射变换函数）。

图 6-3　仿射变换后的图片

如果需要生成大量的图像，那么只需要通过仿射变换矩阵随机生成一系列数，即可获得大量的随机变换图片，这里请读者自行完成。

6.2　使用 OpenCV 扩大图像数据库

前面章节介绍了 OpenCV 的基本使用，这些内容不仅仅是为了学习 TensorFlow，更是为了学习对图像训练的其他内容服务。因为无论使用何种算法和框架对神经网络进行训练，图片的数据量始终是一个决定训练模型好坏的重要前提。数据扩展是训练模型的一个常用手段，对于模型的鲁棒性以及准确率都有非常重要的帮助。

本节将使用 OpenCV 对已有的图片数据集进行处理，人为地扩大样本量，从而达到扩大图像数据库的目的。

6.2.1　图像的随机裁剪

图片的随机裁剪是一个常用的扩大图像数据库的方法，因为大多数图片数据在进入模型之前都要变成统一大小。虽然图片的大小相同，但是不同的裁剪位置却能够提供更多的数据样本，从而增加了图片数据库的内容。

图 6-4 展示了采用随机数的方式截取图像的一个简单算法。

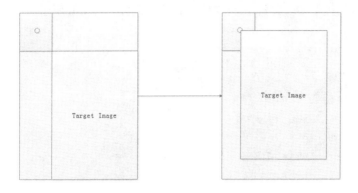

图 6-4　仿射变换后的图片

　　算法首先确定需要的图片大小，再在左上角计算出裁剪后剩下的长宽，之后在其中随机取得一点作为起始点，从中截取所需要的面积。具体代码如程序 6-5 所示。

【程序 6-5】

```python
import cv2
import random

img = cv2.imread("lena.jpg")
width,height,depth = img.shape
img_width_box = width * 0.2
img_height_box = height * 0.2
for _ in range(9):
    start_pointX = random.uniform(0, img_width_box)
    start_pointY = random.uniform(0, img_height_box)
    copyImg = img[start_pointX:200, start_pointY:200]
    cv2.imshow("test", copyImg)
    cv2.waitKey(0)
```

　　这里自动生成了 9 个截图后的图片，请读者自行完成测试。

6.2.2　图像的随机旋转变换

　　图像的随机旋转变换是相对图像旋转平移而言的，在对数据库文件进行扩大时，希望整个图形不要有变化。平移或者旋转图片后，会使得图片变形，虽然有时变形的图片可以更好地对深度学习模型进行训练，但是建议读者选择真实图片进行训练。

　　OpenCV 为了解决这个问题，提供了一个函数，即 getRotationMatrix2D。

```
getRotationMatrix2D(...)
getRotationMatrix2D(center, angle, scale)
```

　　从代码上看，getRotationMatrix2D 需要提供 3 个参数，分别是 center、angle 以及 scale。第一个参数是图片的依托中心，也就是以哪一点为原点进行选择。第二个参数指的是图片逆时针旋转的角度，第三个参数是缩放的倍数。具体代码如程序 6-6 所示。

【程序 6-6】

```
import cv2

img = cv2.imread("lena.jpg")
rows,cols,depth = img.shape
img_change = cv2.getRotationMatrix2D((cols/2,rows/2),45,1)
res = cv2.warpAffine(img,img_change,(rows,cols))
cv2.imshow("test",res)
cv2.waitKey(0)
```

img_change 对图像进行了变换，warpAffine 对图片重新做了压缩和实现。图 6-5 所示的图片以中心为原点，进行了逆时针 45 度的旋转。当然此时会有黑边，如果想要去除黑边，就需要重新设定一个画框。这里作者不再补充，请读者自行完成。

图 6-5　旋转变换后的图片

 如果 scale 使用默认值 1，那么整个计算公式可以理解成做了一个仿射变换的矩阵。

6.2.3　图像色彩的随机变换

最后一种方法就是对图像的色彩做随机变换，因为图像在 OpenCV 中是以 HSV 形式存储的，所以色彩变换是对其色调、饱和度和明暗度的改变。

具体内容请参照 6.1.2 小节的内容，程序代码如程序 6-7 所示。

【程序 6-7】

```
import cv2
import  numpy as np
img = cv2.imread("lena.jpg")
img_hsv = cv2.cvtColor(img,cv2.COLOR_BGR2HSV)
```

```
turn_green_hsv = img_hsv.copy()
turn_green_hsv[:,:,0] = (turn_green_hsv[:,:,0] + np.random.random() ) % 180
turn_green_hsv[:,:,1] = (turn_green_hsv[:,:,1] + np.random.random() ) % 180
turn_green_hsv[:,:,2] = (turn_green_hsv[:,:,2] + np.random.random() ) % 180
turn_green_img = cv2.cvtColor(turn_green_hsv,cv2.COLOR_HSV2BGR)
cv2.imshow("test",turn_green_img)
cv2.waitKey(0)
```

代码中分别对图像的 H、S、V 做了设定，并进行了随机化的调整。

 对于 HSV，可以设定一个小小的阈值，并在阈值范围内进行调整。除此之外，还可以在 HSV 后进行一次 Gamma 变换，这不是为了更好地适应人眼，而是在图像中加入一定的噪声。

6.2.4　对鼠标的监控

使用鼠标在生成的图片上标记出目标位置是基本的数据处理内容。鼠标操作属于用户接口操作，在 OpenCV 中同样有相关的函数可以实现，主要由 mouse_event 完成。

mouse_event 函数的功能是监控鼠标操作，对鼠标的点击、移动以及放开做出反应，根据不同的操作进行处理。

对鼠标的监控主要通过 OpenCV 内置的函数完成，其事件总共有 10 种，从 0~9 依次为：

```
#define CV_EVENT_MOUSEMOVE 0          滑动
#define CV_EVENT_LBUTTONDOWN 1        左键点击
#define CV_EVENT_RBUTTONDOWN 2        右键点击
#define CV_EVENT_MBUTTONDOWN 3        中键点击
#define CV_EVENT_LBUTTONUP 4          左键释放
#define CV_EVENT_RBUTTONUP 5          右键释放
#define CV_EVENT_MBUTTONUP 6          中键释放
#define CV_EVENT_LBUTTONDBLCLK 7      左键双击
#define CV_EVENT_RBUTTONDBLCLK 8      右键双击
#define CV_EVENT_MBUTTONDBLCLK 9      中键释放
```

当函数事件完成后，会返回 x、y 值，分别代表事件发生时的(x,y)坐标。窗口左上默认为原点，右边为 x 轴，向下为 y 轴。

【程序 6-8】

```
import cv2


def on_mouse(event, x, y, flags, param):
    rect_start = (0,0)
    rect_end = (0,0)
    # 鼠标左键按下，抬起，双击
```

```
    if event == cv2.EVENT_LBUTTONDOWN:
        rect_start = (x,y)
    elif event == cv2.EVENT_LBUTTONUP:
        rect_end = (x, y)
cv2.rectangle(img, rect_start, rect_end,(0,255,0), 2)
img = cv2.imread("lena.jpg")
cv2.namedWindow('test')
cv2.setMouseCallback("test",on_mouse)

while(1):
    cv2.imshow("test",img)

    if cv2.waitKey(1) & 0xFF == ord('q'):
        break
cv2.destroyAllWindows()
```

当鼠标被按下时触发鼠标 DOWN 事件，位置点被记录；当鼠标被弹起时重新记录位置点。之后 OpenCV 使用 rectangle 函数画出框型。

这里需要说明的是，在定义 on_mouse 函数时使用了回调函数，自动将调入方传入函数内部，rectangle 接受调入的 img 图像，在其上做出图像显示。具体内容请读者自行完成。

6.3　本章小结

在本章中主要学习了采用 OpenCV 对图像做进阶处理的方法，介绍了使用 OpenCV 对图片进行自由缩放、旋转平移和 HSV 方面的调整。

掌握这些方法的主要目的是，能够对图片样本数据库进行扩容。图片样本库容量的多少是对样本模型训练程度好坏的一个决定性因素。当然除了本章中介绍的一些方法外，还有更多可以对图片继续微调修改的方法，我们将会在后续的学习中介绍。

第 7 章

◀Let's play TensorFlow▶

Let's play TensorFlow！

相信读者在读到本章的时候一定怀着非常兴奋的心情，但是别忙，在踏入复杂和烦人的理论学习之前，为什么不先在"游乐场"里玩一会呢。

Google 在大力推广 TensorFlow 的同时，还在网上发布了一个新的网站——TensorFlow 游乐场。在正式讲解 TensorFlow 的构建源代码及其背后的理论之前，我们先介绍一下这个游乐场。

通过浏览器的自由操作，可以让使用者按自己的意愿训练自己的神经网络，并将结果以图形的形式反馈给使用者，以便更加便捷地理解其背后复杂的理论和公式。

本章的第二节将介绍 TensorFlow 的一些基本内容，全部是基本概念和术语，在学习过程中可能有些枯燥，建议读者一边玩游乐场，一边看这些内容，以便加强理解。

7.1 TensorFlow 游乐场

NumPy 的诞生是为了弥补 Python 本身数组的局限性。Python 本身的数组由于在设计时就存在局限性，例如保存的对象是指针，在进行计算时，结构和形式比较浪费内存和占用 CPU 的运行时间。

其次相对于 Python 本身的 array 模块，虽然它能直接保存数值，但是鉴于 array 本身的设计问题，array 在创建和计算时并不支持多维函数，因此它并不适合数值计算。

7.1.1　I want to play a game

请读者打开网址 http://playground.TensorFlow.org，这是 TensorFlow 游乐场的首页，如图 7-1 所示。

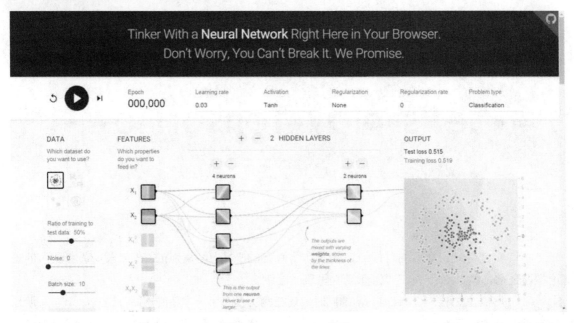

图 7-1　TensorFlow 首页

TensorFlow 首页最上面的英文的意思是"在你的浏览器中就可以玩神经网络。不用担心，怎么玩也玩不坏哦。"，它告诉使用者，在这个游乐场中，你可以随意在这里玩耍，而不会担心把什么东西弄坏。

 建议读者在页面上随意点点，多试试各种情况，开心地玩一下，不要担心，不会弄坏什么。

首先来看看左边的 DATA 框体，如图 7-2 所示。

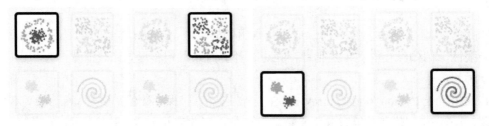

图 7-2　不同的数据类型

从图标上可以看到，这里的每组数据都是不同数据分布类型的一种。第一种是环形数据分布，第二种是均匀分布，第三种是集合分布，最后一种是交融分布。

而且从图上可以看到，每个数据集都具有 2 个分布数据，可以成为 X 和 Y，用颜色区分。可以这样说，神经网络的作用就是通过模型的建立和数据的训练能够把未判定位置的数据判定清楚。

下面继续看页面的左侧，在数据的下方还有对输入数据特征进行调节的地方，如图 7-3 所示。

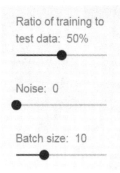

图 7-3 特征微调设置

特征微调可以对生成数据的信息做进一步的设置。第一行是设置多少数据进行训练，留下多少数据作为测试使用。第二行设置数据集内噪声的多少，一般噪声越多，训练越困难。第三行设置模型在训练时每次放入的数据量的多少，需要注意的是，数据量多并不会增加全部的训练时间，而是会对模型的更新有影响，这一点在后续的讲解中会有介绍。

对于生成的结果来说，神经网络的工作结果实际上就是做出一个区域，例如橙色的点（彩图请下载相关图片文件查阅）完全落在橙色的区域（六角形外）中，而蓝色的点完全落在蓝色的区域（六角形内）中，将不同的数据分开，如图 7-4 所示。

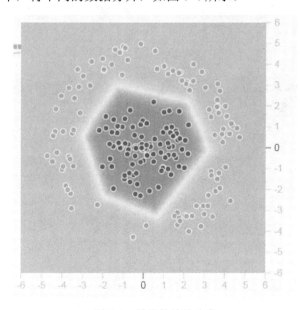

图 7-4 最终的结果分类

但是当数据分布过于复杂时，例如图 7-5 这样子的，一般的神经网络就难以将其分开，这就需要增加相关的神经网络层数，如图 7-6 所示。

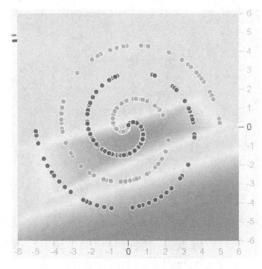

图 7-5　复杂的分类数据

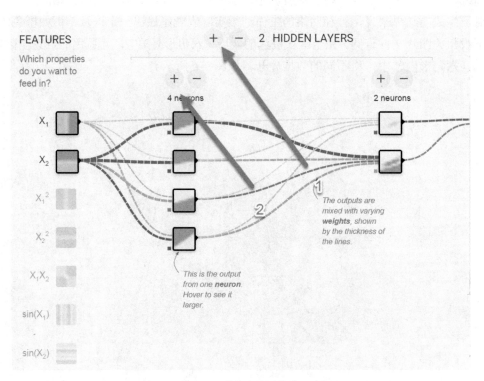

图 7-6　神经网络的操作

图 7-6 代表神经网络模型的设计，这里最上面的加号是对隐藏层的个数进行加减，而第二个加号是对每个单独的隐藏层中节点的个数进行加减。

还有一个部分如图 7-7 所示。

Learning rate	Activation	Regularization	Regularization rate
0.03	ReLU	None	0

图 7-7　单独的属性设置

图 7-7 中是对神经网络模型参数进行设置，在这里可以设计学习率、激活函数以及回归系数等。这些属性参数是神经网络的基本参数和设置内容，在后续的模型学习中会进一步说明。

图 7-8 展示了增加隐藏层个数，并且每个隐藏层的神经元个数也相应地增加，可以看到，对数据分类的最终结果是可以比较好地将数据按颜色分成两个区域。

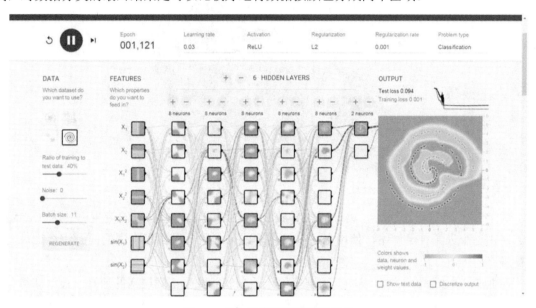

图 7-8　增加隐藏层和隐藏层节点

如果通俗地对神经网络进行解释，若干的隐藏层都会相互作用，对输入的数据进行计算和组合，而其所在的神经网络下一层又会对这一层的输出进行再次计算和组合。这一切都是自动进行的。

神经网络的迷人之处在于，对于输入数据的特征提取和计算并不需要人工干预，而是只需要给予足够多的神经网络和神经元，神经网络会自己提取和计算出模型和结果。

而且从输出结果上来看，神经网络在解决蓝橙分类这样的问题时，如果碰到现实中一些更为复杂的问题，可以通过增加相应的隐藏层和每个层的神经元来确定，这一点为使用计算机解决现实问题打下了基础。

7.1.2　TensorFlow 游乐场背后的故事

TensorFlow 游乐场在潜移默化中使用了人工神经网络进行数据的分类和判定。对此，维基百科的解释为：当神经元接收到来自其相连的神经元的电信号时，它会变得兴奋（激活）。

神经元之间的每个连接的强度不同，一些神经元之间的连接很强，足以激活其他神经元，而另一些连接则会抑制激活。你大脑中的数千亿神经元及其连接一起构成了人类智能，如图7-9 所示。

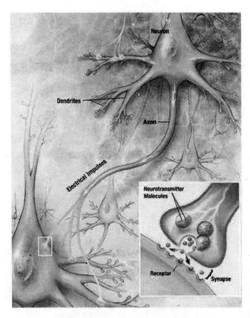

图 7-9　生物神经元网络

通过对生物学上的神经元进行研究导致了一种新的计算机模型的诞生——人工神经网络。借由这个人工神经网络，使用者可以使用模式化的数学模型对不同的问题进行处理，并获得最终的解决办法。

前面的 TensorFlow 游乐场中，由若干输入数据和隐藏层不同层次的计算，最终获得分类的结果，如图 7-10 所示将公式进行简化表现。

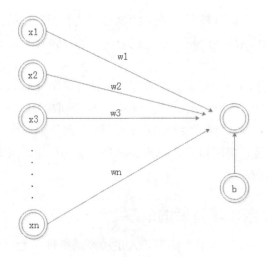

图 7-10　神经元模型的图形表示

其中 $x1\sim xn$ 是一系列的输入值，而 $w1\sim wn$ 是权重，可以理解为输入值对神经元连接的强度，而单独的 b 是 bias，即最终计算值被激活所需要的阈值。将这个图形模型以数学公式的形式表示出来：

$$\sum_i^n w_i x_i > b$$

可以看到，所谓的神经网络就是使用权重对输入值进行计算，并经由偏置值进行检查，之后将计算结果进行分类，最后进行下一层级输出或者直接停止输出。如果输出的数据是二维分类，那么神经元最终可以形成一条光滑的线段将数据进行分类；如果是多元输出的话，神经元会使用平面将图像进行分类，并进行投影，即一个超平面分割多维空间。

7.1.3　如何训练神经网络

通过前面的讲解可以知道，神经网络就是数学激活模型的一种实现。但是人工神经网络与传统的特征提取训练不同的是，所有模型的参数和特征都是由训练模型自由确定和完成的，即模型在训练过程中是一个黑盒过程，所训练的权重模式不是由人工完成的。

如果将人工神经网络看作一个在学习阶段的小学生的话，那么在神经网络的工作和计算过程中，他会犯很多错误。因此在训练的过程中，还会涉及经典的反向传播和梯度下降等算法，但是这些也仅仅是为了让人工神经网络模型在计算时能够更好、更快速地取得最优的成果。

另外，重新回到 7.1.1 小节中一开始讲的，对于简单的数据分类，简单的神经网络可以很好地完成分类。而当数据变得更加复杂，两组数据不能够被简单地分开时，即当数据由线性可分变为非线性可分时，就需要将简单的神经网络变得更加复杂，增加更多的隐藏层和隐藏层节点，如图 7-11 所示。

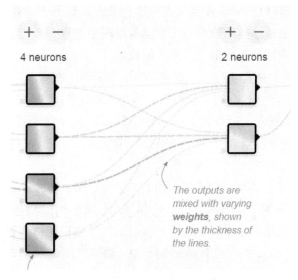

图 7-11　神经元模型的隐藏层

其中的隐藏层拥有若干个神经元节点，可以说每个神经单元都在进行相关的特征分类，例如第一个神经元检查数据点的颜色，第二个检测其位置，第三个检测其距离其他数据的相对位置。

这些检测的结果称为数据的基本特征，神经元对这些特征检测后，根据输出与样本的真实分类加强或减少相应特征的强度，并通过权重的形式表示出来。

在 TensorFlow 游乐场中演示的各个例子中，不同数目的隐藏层和不同数目的神经单元对应不同的功能，增加更多的层和数目可以使得神经网络更加敏感，从而能够建立更加复杂的图形。

更多神经元 + 更深的网络 = 更复杂的模型

这个简单的公式就是人工神经网络能够进行模式识别、数据分类、图像辨认的基本原理。这也是让神经元变得更加聪明，表现更加良好的原因。

7.2 Hello TensorFlow

Hello TensorFlow！
忘记在游乐场的欢悦与兴奋，从现在开始，我们将进入 TensorFlow 的正式学习中。

7.2.1 TensorFlow 名称的解释

首先从名称上来看，TensorFlow 是由 2 个单词构成的，即 Tensor 与 Flow。其中 Tensor 的意思张量，而 Flow 的意思是"飞"，指的是数据流图的流动，那么合在一起的意思就是"让张量飞"。TensorFlow 可以理解为张量从流图的一端流动到另一端的计算过程，TensorFlow 也可以看成是将复杂的数据结构传输至人工智能神经网中进行分析和处理的系统。

上文提到了 2 个概念，一是张量，二是数据流。

张量（Tensor）理论上是数学的一个分支学科，在力学中有重要应用。张量这一术语起源于力学，它最初是用来表示弹性介质中各点应力状态的，后来张量理论发展成为力学和物理学的一个有力的数学工具。张量之所以重要，在于它可以满足一切物理定律必须与坐标系的选择无关的特性。张量概念是矢量概念的推广，矢量是一阶张量。张量是一个可用来表示一些矢量、标量和其他张量之间的线性关系的多线性函数。

TensorFlow 用张量这种数据结构来表示所有的数据。用一阶张量来表示向量，如 v = [1,2, 3, 4,5]；用二阶张量表示矩阵，如 m = [[1, 2, 3], [4, 5, 6], [7, 8, 9]]。简单地理解，TensorFlow 中的张量，即任意维度的数据，一维、二维、三维、四维等数据统称为张量。

在介绍 Flow 之前需要知道，在 TensorFlow 中，数据流图使用"节点"（nodes）和"边"（edges）的有向图来描述数学计算。"节点"一般用来表示施加的数学操作，但也可以表示数据输入（feed in）的起点和输出（push out）的终点，或者是读取/写入持久变量（persistent variable）的终点。"边"表示"节点"之间的输入/输出关系。

当张量从图中流过时，就产生了"Flow"，一旦输入端的所有张量准备好，节点将被分配到各种计算设备上异步并行地完成执行运算，即数据开始"飞"起来。

这就是这个工具取名为"TensorFlow"的原因。

7.2.2 TensorFlow 基本概念

在介绍完 TensorFlow 名称的来历后，需要对 TensorFlow 的基本概念进行解释。

在 TensorFlow 中，集成了很多现成的、已经实现的经典机器学习算法，这些算法被称为算子（Operation），如图 7-12 所示。

Category	Examples
Element-wise mathematical operations	Add, Sub, Mul, Div, Exp, Log, Greater, Less, Equal, ...
Array operations	Concat, Slice, Split, Constant, Rank, Shape, Shuffle, ...
Matrix operations	MatMul, MatrixInverse, MatrixDeterminant, ...
Stateful operations	Variable, Assign, AssignAdd, ...
Neural-net building blocks	SoftMax, Sigmoid, ReLU, Convolution2D, MaxPool, ...
Checkpointing operations	Save, Restore
Queue and synchronization operations	Enqueue, Dequeue, MutexAcquire, MutexRelease, ...
Control flow operations	Merge, Switch, Enter, Leave, NextIteration

图 7-12　实现的一些机器学习算子

图中左边的是算子的归类，右边是算子的具体实现。可以看到，每个算子在定义与实现的时候就被定下了规则、方法、数据类型以及相应的输出结果。这一点在后续的学习中将会继续介绍。

这里比较重要的概念是"节点"（nodes）和"边"（edges）。前面已经说过，节点实际上指的是某个输入数据在算子中的具体运行和实现，TensorFlow 通过"库"注册机制来定义节点，因此在实际使用时，还可以通过库与库之间的相互连接来进行节点的扩展。

"边"分为两种，一种是正常边，即数据 Tensor 流动的通道，在正常边上可以自由地计算数据。

另一种边是一种特殊边，又称为"控制依赖"边，其作用首先是控制节点之间相互依赖，在边的上一个节点完成运算前，特殊的节点不会被执行，即数据的处理要遵循一定的顺序。其次，特殊边还有一个作用，是为了多线程运行数据的执行，让没有前后依赖顺序的数据计算能够分开执行，最大效率地利用计算设备资源。

最后需要介绍的一个概念就是会话（Session）。会话是 TensorFlow 的主要交互方式，一般而言，TensorFlow 处理数据的流程是：建立会话、生成一张空图、添加各个节点和边，形成一个有连接点的图，然后启动图对模型进行训练，直到得到想要的结果。

图 7-13 演示了一个会话的基本流程，这是 TensorFlow 最常用和最简单的会话模型。如果将图 7-13 的模型以代码的形式表现出来，其形式如程序 7-1 所示。

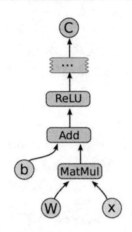

图 7-13　会话的基本流程

【程序 7-1】

```
import TensorFlow as tf
import numpy as np
inputX = np.random.rand(100)
inputY = np.multiply(3,inputX)  + 1
x = tf.placeholder("float32")
weight = tf.Variable(0.25)
bias = tf.Variable(0.25)
y = tf.mul(weight,x)  + bias
y_ = tf.placeholder("float32")
loss = tf.reduce_sum(tf.pow((y - y_),2))
train_step = tf.train.GradientDescentOptimizer(0.001).minimize(loss)
sess = tf.Session()
init = tf.global_variables_initializer()
sess.run(init)
for _ in range(1000):
    sess.run(train_step,feed_dict={x:inputX,y_:inputY})
    if _%20 == 0:
        print("W 的值为: ",weight.eval(session=sess),";  bias 的值为:
" ,bias.eval(session=sess))
```

　　这是一个最简单的 TensorFlow 运行模型，用于回归计算 x、y 的生成曲线，读者不必现在就掌握这个模型，只需要知道 TensorFlow 在运行会话前，所有的量和计算函数都要设置完成，之后只需要直接初始化数值，使之在对话中运行即可。

　　这里需要说明的是，在神经网络计算时，一个最重要的内容就是梯度的计算。梯度计算不仅仅用在神经网络中，而且还用在机器学习之中。

　　在 TensorFlow 中，当一个图在正向计算的同时，复制了自身生成一个反向图，当达到正向图的最终输出后，反向图开始工作，由最终的结果向输入端计算，如图 7-14 所示。

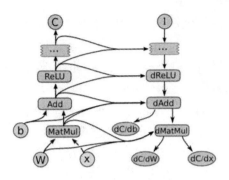

图 7-14　复制计算图进行反向求导

实际上，在具体计算时，TensorFlow 自带的优化算法可以根据资源节点的配置自动将不同的任务分配到不同的节点上；同时，也支持用户手动进行任务的分配，以达到资源的最优化配置。

7.2.3　TensorFlow 基本架构

前面介绍了 TensorFlow 的基本概念，对其中一些计算概念和流程做了介绍。本小节将从基本架构的角度对 TensorFlow 的基本流程做更进一步的描述。

首先需要对几个概念进行介绍：

● Client：用户使用，与 Master 和一些 worker process 交流。

● Master：用来与客户端交互，同时调度任务。

● worker process：工作节点，每个 worker process 可以访问一到多个 device。

● device：TensorFlow 的计算核心，通过 device 的类型、job 名称、在 worker process 中的索引来命名 device。可以通过注册机制来添加新的 device 实现，每个 device 实现需要负责内存分配和管理调度 TensorFlow 系统所下达的核运算需求。

可能有的读者使用过分布式系统，例如 Hadoop 或者 Spark，对这种分层式管理并不陌生。Master 是系统总的调度师，对所有的任务和工作进行调度；Client 提出需求，对任务做出具体的设定和结果要求；worker process 是工作节点，是单任务的监视器；device 是任务的具体执行和分配节点，所有的具体计算结果都在 device 下进行处理，如图 7-15 所示。

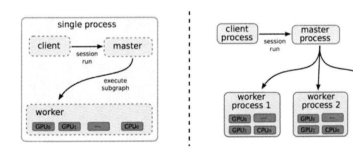

图 7-15　TensorFlow 运行调度的分配

TensorFlow 分为单机式实现和分布式实现。在单机式实现中，任务由客户端提出，之后会话将任务提交给单机的 Master，由 Master 分配给单机的任务工作单元进行计算，任务工作单元可以由 CPU 处理，也可以给 GPU 分配任务，这取决于程序的具体设置。

在分布式实现中，客户端产生的运行命令交给 Master 去处理，而 Master 将任务交给不同的 worker precess 去处理，具体的 worker precess 处理过程和内容与单机版的一样。

至于任务的哪一部分分配给哪个计算机节点处理，是由 Master 根据内置的算子控制，根据不同节点的处理速度和运行情况进行分配。可以简单地理解为：每个节点使用一个计数，当一个节点开始运算时，计数被设置成 100，之后随着任务的进行，计数逐渐减少；当任务完成时，计数变为 0，节点重新待机，等待下一个任务的来临。

更为复杂的情况和更多需要考虑的因素这里作者就不再进行介绍，请读者查阅相关材料。

7.3 本章小结

本章首先介绍了 TensorFlow 游乐场，演示了神经网络运行和计算的能力与机制。随着读者操作的增多，可以看到神经网络运行的机制其实非常简单，通过拥有更多的神经元和深度，神经网络能提取出更多隐藏的特征，建立更复杂的模型，以及建立更加抽象的层级结构，解决更多的现实问题。

制约神经网络发展的影响因素除了模型的建立，最大的一个问题就是计算能力的挑战，因为随着隐藏层的增加和神经元的增多，数据的计算工作量呈现指数形式增长，因此要求承载着神经网络模型的计算系统要有强大的计算能力。

为了得到更好的结果，在人工神经网络进行计算的时候，还需要选择不同的激活函数，设计不同的网络和算法，进行大量的尝试性计算，这些都是训练神经网络所需要执行的任务。

在 Google 正式推出 TensorFlow 之前，已经有了很多类似的平台，有的还取得了很高的关注度和应用程度。Theano、Caffe、Torch 以及最新推出的 PyTorch，都是应用范围相当广泛的神经网络框架。

TensorFlow 在设计的时候，就吸取了每一个平台的精华和优秀的设计思想，而最为显眼的特性是易用性、跨平台性以及高效的可扩展性，逐渐吸引了更多大数据分析人员的关注。TensorFlow 拥有这些特性，并可以在低成本的计算设备上运行，让更多的学习者能够方便快速地掌握它的使用方法。

第 8 章
◄Hello TensorFlow，从0到1►

Hello TensorFlow！

从本章开始，将正式进入 TensorFlow 的学习。对于 TensorFlow，读者大可不必想的特别困难，反而应该简单地将其视作一个供普通学习者和研究者使用的、易学易懂的神经网络平台。

TensorFlow 编写使用的是 Python 语言，在前面的章节中，我们已经带领读者初步学习了 Python 语言的基本概念和语法形式，这也是为了从本章开始的 TensorFlow 程序设计打下基础。

8.1　TensorFlow 的安装

首先对于读者来说，使用 TensorFlow 必须先要安装 TensorFlow。在本书的开始，我们安装了集成多个 Python 类库的安装程序 Anaconda，它将帮助读者最为方便地安装 TensorFlow。

1. 第一步：Python 版本的确定

首先是对 Python 版本的要求，TensorFlow 要求在 Windows 安装时，Python 最低版本号为3.6，这里建议读者选择 Anaconda4.3.1 版本作为安装环境。

打开 Aanconda prompt，输入 python 命令，可以查看已安装的 Python 和 Anaconda 版本号，如图 8-1 所示。

```
(base) C:\Users\xiaohua>python
Python 3.6.3 |Anaconda custom (64-bit)| (default, Oct 15 2017, 03:27:45) [MSC v.
1900 64 bit (AMD64)] on win32
Type "help", "copyright", "credits" or "license" for more information.
>>>
```

图 8-1　查看已经安装的 Python 和 Anaconda 版本号

2. 第二步：TensorFlow 安装

在 Anaconda4.3.1 版本中集成了最常用的 Python 第三方类库，可以使用 conda list 命令查阅。对于已经满足安装条件的计算机，TensorFlow 提供了较为简单的安装命令。

```
pip install -upgrade
```

```
https://storage.googleapis.com/tensorflow-1.9.0-cp35-cp35m-win_amd64.whl
```

使用此命令可以直接下载和安装对应版本的 TensorFlow 程序，也可以通过 https://pypi.tuna.tsinghua.edu.cn/simple/tensorflow/来查找自己需要的版本（如果网址不能访问，可以直接在搜索引擎中搜索 tensorflow-1.9.0-cp35-cp35m-win_amd64.whl）。

通过 pip 安装是一种常用的 Python 类库安装方式，会提示错误"Http error 404"。出现这种问题一般情况下是网络连接故障所致，因此可以直接将 https 及后面的地址复制一下，并粘贴到浏览器地址栏中手动下载文件（前言给出的下载地址中也有这个文件）。

```
https://storage.googleapis.com/tensorflow-1.9.0-cp35-cp35m-win_amd64.whl
```

之后重新调用 pip 命令安装下载的 TensorFlow 安装文件。

```
pip install 本地保存地址\tensorflow-1.9.0-cp35-cp35m-win_amd64.whl
```

 相对于本地安装，作者更建议读者使用 Aanconda prompt 在线安装的方式进行，可以自动升级 TensorFlow 所依赖的类库。

3. 第三步：验证 TensorFlow 安装

最后是对 TensorFlow 程序的安装验证，在 Aanconda prompt 中输入以下代码段：

```
import tensorflow as tf
sess = tf.Session()
a = tf.constant(1)
b = tf.constant(2)
print(sess.run(tf.add(a,b)))
```

验证 TensorFlow 安装如图 8-2 所示。

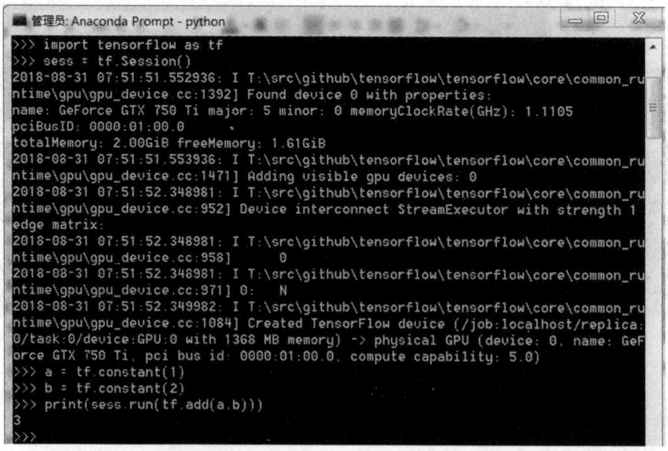

图 8-2　验证 TensorFlow 安装

当 Aanconda prompt 显示计算结果后，恭喜您，TensorFlow 已经成功安装完毕。

8.2　TensorFlow 常量、变量和数据类型

TensorFlow 用张量这种数据结构来表示所有的数据，对此读者可以把一个张量想象成一个 n 维的数组或列表。一个张量有一个静态类型和动态类型的维数，张量可以在图中的节点之间流通。

因此基于特殊的数据和处理方式，TensorFlow 中数据类型也会因此而随之改变，常规的数据并不适合 TensorFlow 框架的使用。TensorFlow 本身定义了一套特殊的函数，能够根据需要将不同的量设置成所需要的形式。

使用 TensorFlow 的第一步就是在程序中引入 TensorFlow，打开 PyCharm 新建工程，如图 8-3 所示。

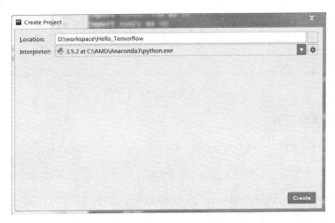

图 8-3　创建 TensorFlow 工程文件

右击工程名 hello_Tensorflow，新建一个 Python file，在弹出的对话框中输入文件名 "hello_Tensorflow"，单击 OK 按钮来确定，如图 8-4 所示。

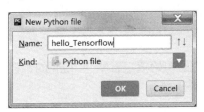

图 8-4　创建文件名

之后出现 PyCharm 程序设计界面（如图 8-5 所示），左边是树形程序框架，右边是程序编写框，对程序进行编写，而最下方是程序代码执行结果。这里将 TensorFlow 测试代码复制到编写框中，再右击文件名 "hello_Tensorflow.py"，在弹出的菜单上选择 "run"，即可运行程序。

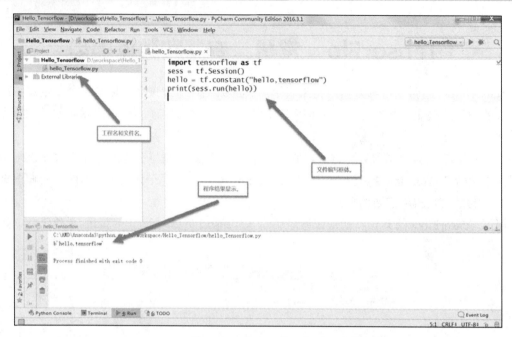

图 8-5　PyCharm 使用界面

下面对代码进行详细讲解。

首先是 TensorFlow 包的引入，其代码如下：

```
import tensorflow as tf
```

这里将 TensorFlow 引入到程序中，可以使得后续的程序编写使用现成的 TensorFlow 包，另外作者会在后面的章节中将 TensorFlow 简称成 tf，这点请读者注意。

TensorFlow 中的常量创建方法，其代码如下：

```
hello = tf.constant('Hello, tensorflow!', dtype=tf.string)
```

其中，'Hello, tensorflow!'是常量初始值；tf.string 是常量类型，在平时编写时可以省略。

```
a = tf.constant(1)
```

这里创建了一个以常数为底的初始值，省略了 tf.int 的常量类型。

而 TensorFlow 中变量的创建方法如下：

```
a = tf.Variable(1.0, dtype=tf.float32)
b = tf.Variable(1.0, dtype=tf.float64)
```

【程序 8-1】

```
import tensorflow as tf


input1 = tf.constant(1)
print(input1)
```

```
input2 = tf.Variable(2,tf.int32)
print(input2)

input2 = input1
sess = tf.Session()
print(sess.run(input2))
```

程序 8-1 展示了一个被定义成 input1 的常量和一个被定义成变量的 input2，其值分别为 1 和 2，此时将 input1 的值和 input2 的值打印出来，之后调用会话，使图完整运行后，重新打印运行后的值，结果如图 8-6 所示。

```
Tensor("Const:0", shape=(), dtype=int32)
Tensor("Variable/read:0", shape=(), dtype=int32)
1
```

图 8-6　程序 8-1 打印结果

可以看到，程序 8-1 首先对 input1 进行打印，此时打印结果是一个 int32 类型的张量而不是一个具体的数值。对于 input2 来说，此时仍旧是 read:0 状态，表示虽然其被赋予了新值，但是并没有发生真实值的改变。而只有当 input2 在会话中执行过，才能真正发生真实值的改变。

下面是对于数据结构的一些说明。对于 tf 中的浮点型数据，常用的有两种：float32 与 float64，这两种浮点型数据在作为常量使用的时候没什么问题，在作为变量创建和修改时会相互影响，这里建议大家在程序编写之前定义好数据的类型。TensorFlow 中几种常用的数据类型如表 8-1 所示。

表 8-1　TensorFlow中几种常用的数据类型

数据类型	说明	数据类型	说明
tf.int	8 位整数	tf.string	字符串
tf.int1	16 位整数	tf.bool	布尔型
tf.int32	32 位整数	tf.complex64	64 位复数
tf.int64	64 位整数	tf.complex128	128 位复数
tf.uint8	8 位无符号整数	tf.float16	16 位浮点数
tf.uint16	16 位无符号整数	tf.float32	32 位浮点数

除了一般框架中常见的数据常量和数据变量外，TensorFlow 还存在一种特殊的数据类型——占位符（placeholder）。因为 TensorFlow 特殊的数据计算和处理形式，图进行计算时，可以从外界传入数值。而 TensorFlow 并不能直接对传入的数据进行处理，因此使用 placeholder 保留一个数据的位置，之后可以在 TensorFlow 会话运行的时候进行赋值。

```
input1 = tf.placeholder(tf.float32)
```

tf.placeholder 是占位符的函数，其中的参数是传入的数据类型，这里可以看到，当定义一个参数是 tf.float32 时，传入的参数必然也必须是 float32 类型的，如果传入其他类型的数据，系统会报错。这一点在后续程序编写时会讲解到。

【程序 8-2】

```
import tensorflow as tf

input1 = tf.placeholder(tf.int32)
input2 = tf.placeholder(tf.int32)

output = tf.add(input1, input2)

sess = tf.Session()
print(sess.run(output, feed_dict={input1:[1], input2:[2]}))
```

程序 8-2 演示了使用占位符进行输出的例子，input1 和 input2 是 2 个 int 类型的占位符，此时数据并不能直接发生改变，而是在会话进行的过程中不停地填入数据集进行数据处理。

 程序 8-2 的一些具体细节在 8.3 节解释，希望进一步了解的读者可以先跳过去看看。

读者可以把这个过程想象成马克沁重机枪（见图 8-7），机枪平时里面是不存储任何弹药的，只有当开火时，才有源源不断的子弹被送入机枪。

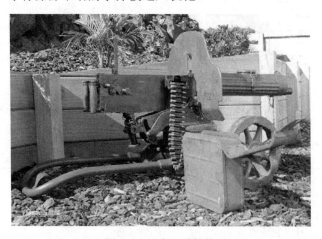

图 8-7　马克沁重机枪

同理，占位符在平时只是作为一个空的张量在 TensorFlow 的图中构成一个边，只有当图完全启动后，才填入真实的数据进行计算。

在程序 8-2 中，tf.add(input1, input2)是 TensorFlow 中一个加法函数，除了这个加法函数之外，TensorFlow 还提供了一些常用的计算函数供程序设计使用，参见表 8-2。

表 8-2　TensorFlow 中几种常用的函数

操　作	描　述
tf.add(x, y, name=None)	求和
tf.sub(x, y, name=None)	减法
tf.mul(x, y, name=None)	乘法
tf.div(x, y, name=None)	除法
tf.mod(x, y, name=None)	取模
tf.abs(x, name=None)	求绝对值
tf.neg(x, name=None)	取负($y = -x$)
tf.sign(x, name=None)	返回符号　$y = sign(x) = -1\ if\ x < 0;\ 0\ if\ x == 0;\ 1\ if\ x > 0$
tf.inv(x, name=None)	取反
tf.square(x, name=None)	计算平方　($y = x * x = x^2$)
tf.sqrt(x, name=None)	开根号　($y = \sqrt{x} = x^{1/2}$)
tf.exp(x, name=None)	计算 e 的次方
tf.log(x, name=None)	计算 log
tf.maximum(x, y, name=None)	返回最大值　($x > y\ ?\ x : y$)
tf.minimum(x, y, name=None)	返回最小值　($x < y\ ?\ x : y$)
tf.cos(x, name=None)	三角函数 cosine
tf.sin(x, name=None)	三角函数 sine
tf.tan(x, name=None)	三角函数 tan
tf.atan(x, name=None)	三角函数 ctan

下面补充一些细节问题。

首先第一个问题。在程序 8-2 中，tf.add(input1, input2)是 TensorFlow 中一个加法函数。前面已经说过，TensorFlow 是以图的形式在对话中统一运行。

tf.add(input1, input2)就是这样运行的一个函数，从源代码来看，这个函数括号内的参数 input1 与 input2 都是一个张量对象。在 TensorFlow 设计之初，就鼓励用户去建立复杂的表达式（如整个神经网络及其梯度）来形成计算图。之后将整个计算图的运行过程交给一个 TensorFlow 的对话，此对话可以运行整个计算过程，这种运行方式相比较传统一条一条语句的执行效率高得多。

第二个问题，在程序 8-2 对占位符传递数据时，使用的是 Feeding_dict 函数。Feeding 是 TensorFlow 的一种机制，它允许你在运行时使用不同的值替换一个或多个 tensor 的值。feed_dict 将 tensor 对象映射为 NumPy 的数组（和一些其他类型），同时在执行 step 时，这些数组就是 tensor 的值。

8.3 TensorFlow 矩阵计算

TensorFlow 中矩阵的生成与计算是所有结构计算中最为重要和复杂的，因此，本节将重点介绍 TensorFlow 中矩阵的生成与计算。

首先创建一个张量矩阵，TensorFlow 中使用常量创建函数，即使用 tf.constant 来创建一个矩阵。

```
tf.constant([1,2,3],shape=[2,3])
```

这行代码创建了一个 2 行 3 列的矩阵，可能有读者奇怪，这里输入的数值只有 3 个，但是却要求生成一个 2 行 3 列的矩阵。先来看看生成的结果：

```
[[1 2 3]
 [3 3 3]]
```

这里自动生成了一个符合要求的矩阵，输入的数据 1、2、3 被放在第一行，而第二行中自动由第一行，也就是输入的数值进行补全。这是 TensorFlow 矩阵生成的一种优化结果。

如果想随机生成矩阵张量，可以需要使用以下函数：

```
tf.random_normal(shape,mean=0.0,stddev=1.0,dtype=tf.float32,seed=None,name=
None)
tf.truncated_normal(shape, mean=0.0, stddev=1.0, dtype=tf.float32, seed=None,
name=None)
tf.random_uniform(shape,minval=0,maxval=None,dtype=tf.float32,seed=None,nam
e=None)
```

以上这三个函数都是用于生成随机数 tensor 的，尺寸是 shape。

- random_normal：正态分布随机数，均值 mean，标准差 stddev。
- truncated_normal：截断正态分布随机数，均值 mean，标准差 stddev。不过只保留 [mean-2*stddev,mean+2*stddev] 范围内的随机数。
- random_uniform：均匀分布随机数，范围为 [minval,maxval]。

对于已经生成的矩阵，可以通过 tf.shape(Tensor) 获取到矩阵张量的形状：

```
tf.shape(Tensor)
```

对于需要对矩阵重新排列的用法来说，tf.reshape(tensor, shape, name=None) 是一个常用的方法。与 NumPy 中 reshape 类似，它将矩阵张量按照新的 shape 重新排列。

- 如果 shape=[-1]，表示要将 tensor 展开成一个 list。
- 如果 shape=[a,b,c,...]，其中每个 a,b,c,... 均大于 0，这样就是常规用法。
- 如果 shape=[a,-1,c,...]，此时 b=-1，a,c,... 依然大于 0，这表示 tf 会根据 tensor 的原尺寸自动计算 b 的值。

TensorFlow 中几种常用的矩阵函数参见表 8-3。

表 8-3　TensorFlow 中几种常用的矩阵函数

操　作	描　述
tf.diag(diagonal, name=None)	返回一个给定对角值的对角 tensor # 'diagonal' is [1, 2, 3, 4] tf.diag(diagonal) ==> [[1, 0, 0, 0] [0, 2, 0, 0] [0, 0, 3, 0] [0, 0, 0, 4]]
tf.diag_part(input, name=None)	功能与上面相反
tf.trace(x, name=None)	求一个 2 维 tensor 足迹，即对角值 diagonal 之和
tf.transpose(a, perm=None, name='transpose')	调换 tensor 的维度顺序 按照列表 perm 的维度排列调换 tensor 顺序， 如定义，则 perm 为(n-1...0) # 'x' is [[1 2 3],[4 5 6]] tf.transpose(x) ==> [[1 4], [2 5],[3 6]] # Equivalently tf.transpose(x, perm=[1, 0]) ==> [[1 4],[2 5], [3 6]]
tf.matmul(a, b, transpose_a=False, transpose_b=False, a_is_sparse=False, b_is_sparse=False, name=None)	矩阵相乘
tf.matrix_determinant(input, name=None)	返回方阵的行列式
tf.matrix_inverse(input, adjoint=None, name=None)	求方阵的逆矩阵，adjoint 为 True 时，计算输入共轭矩阵的逆矩阵
tf.cholesky(input, name=None)	对输入方阵 cholesky 分解， 即把一个对称正定的矩阵表示成一个下三角矩阵 L 和其转置的乘积的分解 A=LL^T
tf.matrix_solve(matrix, rhs, adjoint=None, name=None)	求　解　tf.matrix_solve(matrix,　rhs,　adjoint=None, name=None) matrix 为方阵，shape 为[M,M]，rhs 的 shape 为[M,K]，output 为[M,K]

8.4　Hello TensorFlow

Hello TensorFlow!

前面章节的内容对 TensorFlow 的基本概念做了一个大概介绍。可能有的读者看到这里会很诧异，大名鼎鼎的 TensorFlow 怎么会这么简单。从代码量上来看，TensorFlow 主要是利用已有的函数去实现一些具体的计算。

然而事实是这样的吗？

本章的题目是 Hello TensorFlow，也是经典的编程语言入门程序提示语，不过 TensorFlow 与 Hadoop 类似，有自己的入门程序：Hello Regular Network。

先来看看一个回归分析的具体应用。图 8-8 所示的是一个需要设计的神经网络，这里准备建立一个有一个隐藏层的神经网络去实现回归分析，这个神经网络有输入层、隐藏层与输出层。程序 8-3 现实了这个神经网络的具体实现。

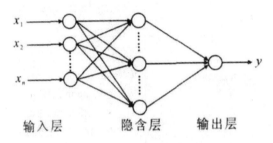

图 8-8　有一个隐藏层的反馈神经网络

【程序 8-3】

```
import tensorflow as tf
import numpy as np


"""
这里是一个非常好的大数据验证结果，随着数据量的上升，集合的结果也越来越接近真实值，
这也是反馈神经网络的一个比较好的应用
这里不是很需要各种激励函数
而对于 dropout，这里可以看到加上 dropout，loss 的值更快。
随着数据量的上升，结果就更加接近于真实值。
"""

inputX = np.random.rand(3000,1)
noise = np.random.normal(0, 0.05, inputX.shape)
outputY = inputX * 4 + 1 + noise

#这里是第一层
weight1 = tf.Variable(np.random.rand(inputX.shape[1],4))
bias1 = tf.Variable(np.random.rand(inputX.shape[1],4))
x1 = tf.placeholder(tf.float64, [None, 1])
y1_ = tf.matmul(x1, weight1) + bias1


y = tf.placeholder(tf.float64, [None, 1])
```

```
    loss = tf.reduce_mean(tf.reduce_sum(tf.square((y1_ - y)),
reduction_indices=[1]))
    train = tf.train.GradientDescentOptimizer(0.25).minimize(loss)  # 选择梯度下降
法

    init = tf.global_variables_initializer()
    sess = tf.Session()
    sess.run(init)

    for i in range(1000):
        sess.run(train, feed_dict={x1: inputX, y: outputY})

    print(weight1.eval(sess))
    print("--------------------")
    print(bias1.eval(sess))
    print("------------------结果是------------------")

    x_data = np.matrix([[1.],[2.],[3.]])
    print(sess.run(y1_,feed_dict={x1: x_data}))
```

上面的代码使用了最简单的一元回归分析函数，现在对这个程序做一个分析。

首先最上端导入了在程序设计时所需要的包：

```
import tensorflow as tf
import numpy as np
```

这是告诉程序需要使用 TensorFlow 与 NumPy，将其应用包导入进来。

```
inputX = np.random.rand(3000,1)
noise = np.random.normal(0, 0.05, inputX.shape)
outputY = inputX * 4 + 1 + noise
```

使用 NumPy 中的随机生成数据功能生成一个 y = 4 * x + 1 的线性曲线，数据 inputX、noise 为随机生成的输入数与满足偏差为 0.05 的正态分布的噪声数。

下面创建了有一个隐藏层的反馈神经网络来计算这个线性曲线：

```
weight1 = tf.Variable(np.random.rand(inputX.shape[1],4))
bias1 = tf.Variable(np.random.rand(inputX.shape[1],4))
x1 = tf.placeholder(tf.float64, [None, 1])
y1_ = tf.matmul(x1, weight1) + bias1
```

这里 weight1 与 bias1 分别是神经网络隐藏层的变量，因为这个变量在后续的图计算过程中需要重新根据误差算法不停地重新赋值，所以被设置成 tf 变量。

程序段中 x1 与 y1_有些不一样，这里 x1 是占位符，占位符的作用是在 tf 图计算时可以不停地输入数据；而 y1_是神经网络设立的模型目标，其形式为：

$$y=x\times w+b$$

即这个模型是一个一元线性回归模型。

```
y = tf.placeholder(tf.float64, [None, 1])
loss = tf.reduce_mean(tf.reduce_sum(tf.square((y2_ - y)),
reduction_indices=[1]))
train = tf.train.GradientDescentOptimizer(0.25).minimize(loss) #选择梯度下降法
```

在上面程序中，训练模型的真实值 y 同样被设置成一个占位符。loss 定义的是损失函数，这里采用的是最小二乘法的损失函数，即计算模型输出值与真实值之间的误差的最小二乘法。

 最小二乘法在后续的章节中会进行介绍，这里读者只需了解即可。

train 是采用梯度下降算法计算的训练方法，图 8-9 使用流程图展示了这一步骤。

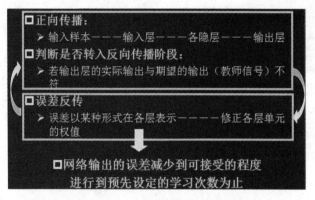

图 8-9　神经网络的反向传播算法

```
init = tf.global_variables_initializer()
sess = tf.Session()
sess.run(init)
```

当全部数据和模型被设置完毕以后，tf.global_variables_initializer()启动数值的初始化工作，之后对话被启动，框架准备开始执行任务。

```
for i in range(1000):
    sess.run(train, feed_dict={x1: inputX, y: outputY})
```

在设定的循环次数下会话被启动，而 feed 会把设定的值依次传送到训练模型中。

```
print(weight1.eval(sess))
print("--------------------")
print(bias1.eval(sess))
print("--------------------")
```

　　训练完成后，可以打印结果，在整个公式中，最需要知道的就是 weight 和 bias 的值，可以直接打印出来。

```
x_data = np.matrix([[1.],[2.],[3.]])
print(sess.run(y1_,feed_dict={x1: x_data}))
```

　　而模型训练结束后被存储在上文设定的 y1_模型中。需要注意的是，当训练结束后，模型就已经被训练完毕并存储在系统中，在需要的时候按要求调用即可。

 可以简单地理解，TensorFlow 实际上就是一个函数解释器，能够把计算好的关于神经网络的神经程序以程序设定步骤的形式解释出来。

　　如果需要增加更多的隐藏层，例如在前面 TensorFlow 游乐场中看到的一样，那只需要编写更多的步骤，即：

```
#这里是第二层
weight2 = tf.Variable(np.random.rand(4,1))
bias2 = tf.Variable(np.random.rand(inputX.shape[1],1))
y2_ = tf.matmul(y1_, weight2) + bias2
```

　　第二层的设置与第一层相似，但是需要注意，第二层将第一层计算后的输出值作为输入值进行输入，并重新计算。完整代码如程序 8-4 所示。

【程序 8-4】

```
import tensorflow as tf
import numpy as np

"""
这里是一个非常好的大数据验证结果，随着数据量的上升，集合的结果也越来越接近真实值，
这也是反馈神经网络的一个比较好的应用
这里不是很需要各种激励函数
而对于 dropout，这里可以看到加上 dropout，loss 的值更快。
随着数据量的上升，结果就更加接近真实值。
"""

inputX = np.random.rand(3000,1)
noise = np.random.normal(0, 0.05, inputX.shape)
outputY = inputX * 4 + 1 + noise

#这里是第一层
weight1 = tf.Variable(np.random.rand(inputX.shape[1],4))
bias1 = tf.Variable(np.random.rand(inputX.shape[1],4))
x1 = tf.placeholder(tf.float64, [None, 1])
y1_ = tf.matmul(x1, weight1) + bias1
```

```
#这里是第二层
weight2 = tf.Variable(np.random.rand(4,1))
bias2 = tf.Variable(np.random.rand(inputX.shape[1],1))
y2_ = tf.matmul(y1_, weight2) + bias2

y = tf.placeholder(tf.float64, [None, 1])

loss = tf.reduce_mean(tf.reduce_sum(tf.square((y2_ - y)),
reduction_indices=[1]))
train = tf.train.GradientDescentOptimizer(0.25).minimize(loss)#选择梯度下降法

init = tf.global_variables_initializer()
sess = tf.Session()
sess.run(init)

for i in range(1000):
    sess.run(train, feed_dict={x1: inputX, y: outputY})

print(weight1.eval(sess))
print("--------------------")
print(weight2.eval(sess))
print("--------------------")
print(bias1.eval(sess))
print("--------------------")
print(bias2.eval(sess))
print("-----------------结果是------------------")

x_data = np.matrix([[1.],[2.],[3.]])
print(sess.run(y2_,feed_dict={x1: x_data}))
```

与程序 8-3 相类似，不过在最终的模型验证和数据输入的时候，产生了一个计算流程图，由于一个模型被人为设置成 2 个，而最终的结果也由 y1_改成 y2_。

具体结果请读者自行完成。

8.5　本章小结

本章初步介绍了 TensorFlow 的基本概念以及矩阵计算方式，也介绍了在 TensorFlow 程序编写时需要设置的常量、变量以及占位符；最后着重介绍了在 TensorFlow 中最常用的矩阵计算，这是 TensorFlow 图计算最常用的数据处理类型和计算格式。

可能有读者认为，TensorFlow 编写程序相对简单。但是，这个简单是基于使用者对所设计的算法和步骤深刻理解的基础上的。前文也说了，TensorFlow 实际上就是一个函数解释器，可以把设计的算法和函数用最简单的方法实现，从而能达到神经网络做计算的要求。如果对它背后的公式和内容不理解的话，那么很难想象能够编写出好的程序。

　　从下一章开始，作者将从最基本的 BP 算法开始，逐步讲解 TensorFlow 公式和算法所涉及的内容，希望能够加深读者对 TensorFlow 背后更深内容的理解。

第 9 章

◀ TensorFlow重要算法基础 ▶

本章内容是全书的重点之一，也是神经网络最重要的内容。

在上一章中，我们介绍了 TensorFlow 的基本语法结构和代码编写方法，并向读者演示了 TensorFlow 的入门程序：Hello TensorFlow！

从代码量上来看，通过 TensorFlow 构建一个可用的神经网络程序对回归进行拟合分析并不是一件很难的事。不过，我们在上一章的最后也说了，虽然构建一个普通的神经网络是比较简单的，但是其背后的原理却不容小觑。

从本章开始，作者将从反向传播（Back Propagation，BP）神经网络开始说起，介绍它的概念、原理以及背后的数学原理。本章的后半部分阅读起来有一定的困难，读者需要尽力弄懂这些内容。

9.1 反向传播神经网络简介

在介绍反向传播（BP）神经网络之前，人工神经网络（Artificial Neural Network，ANN）是必须介绍的内容。人工神经网络的发展经历了大约半个世纪，从 20 世纪 40 年代初到 80 年代，神经网络的研究经历了几起几落的发展过程。

1943 年，心理学家 W•McCulloch 和数理逻辑学家 W•Pitts 在分析、总结神经元基本特性的基础上提出神经元的数学模型（McCulloch-Pitts 模型，MP 模型），标志着神经网络研究的开始。由于受到当时研究条件的限制，很多工作不能模拟，在一定程度上影响了 MP 模型的发展。尽管如此，MP 模型对后来的各种神经元模型及网络模型都有很大的启发作用，在此后的 1949 年，D.O.Hebb 从心理学的角度提出了至今仍对神经网络理论有着重要影响的 Hebb 法则。

1945 年，冯•诺依曼领导的设计小组试制成功存储程序式电子计算机，标志着电子计算机时代的开始。1948 年，他在研究工作中比较了人脑结构与存储程序式计算机的根本区别，提出了以简单神经元构成的再生自动机网络结构。但是，由于指令存储式计算机技术的发展非常迅速，迫使他放弃了神经网络研究的新途径，继续投身于指令存储式计算机技术的研究，并在此领域做出了巨大贡献。虽然，冯•诺依曼的名字是与普通计算机联系在一起的，但他也是人工神经网络研究的先驱之一。

　　1958 年，F·Rosenblatt 设计制作了"感知机"（一种多层的神经网络）。这项工作首次把人工神经网络的研究从理论探讨付诸工程实践。感知机由简单的阈值性神经元组成，初步具备了诸如学习、并行处理、分布存储等神经网络的一些基本特征，从而确立了从系统角度进行人工神经网络研究的基础。

　　1980 年，B.Widrow 和 M.Hoff 提出了自适应线性元件网络（ADAptive LINear NEuron，ADALINE），这是一种连续取值的线性加权求和阈值网络。后来，在此基础上发展了非线性多层自适应网络。Widrow-Hoff 的技术被称为最小均方误差（least mean square，LMS）学习规则。从此神经网络的发展进入了第一个高潮期。

　　的确，在一个有限范围内，感知机有较好的功能，并且收敛定理得到证明。单层感知机能够通过学习把线性可分的模式分开，但对 XOR（异或）这样简单的非线性问题却无法求解，这一点让人们大失所望，甚至开始怀疑神经网络的价值和潜力。1999 年，麻省理工学院著名的人工智能专家 M.Minsky 和 S.Papert 出版了颇有影响力的 *Perceptron* 一书，从数学上剖析了简单神经网络的功能和局限性，并且指出多层感知机还不能找到有效的计算方法，由于 M.Minsky 在学术界的地位和影响，其悲观的结论被大多数人接受而不做进一步分析；加上当时以逻辑推理为研究基础的人工智能和数字计算机的辉煌成就，大大减低了人们对神经网络研究的热情。20 世纪 60 年代末期，人工神经网络的研究进入了低潮。尽管如此，神经网络的研究并未完全停顿下来，仍有不少学者在极其艰难的条件下致力于这一研究。1972 年，T.Kohonen 和 J.Anderson 不约而同地提出具有联想记忆功能的新神经网络；1976 年，S.Grossberg 与 G.A.Carpenter 提出了自适应共振理论（adaptive resonance theory，ART），并在以后的若干年内发展了 ART1、ART2、ART3 这 3 个神经网络模型，从而为神经网络研究的发展奠定了理论基础。

　　进入 20 世纪 80 年代，特别是 80 年代末期，对神经网络的研究从复兴很快转入了新的热潮。这主要是因为：一方面经过十几年迅速发展的、以逻辑符号处理为主的人工智能理论和冯·诺依曼计算机在处理诸如视觉、听觉、形象思维、联想记忆等智能信息处理问题上受到了挫折；另一方面，并行分布处理的神经网络本身的研究成果使人们看到了新的希望。1982 年，美国加州工学院的物理学家 J.Hoppfield 提出了 HNN（hoppfield neural network）模型，并首次引入了网络能量函数概念，使网络稳定性研究有了明确的判据，其电子电路实现为神经计算机的研究奠定了基础，同时开拓了神经网络用于联想记忆和优化计算的新途径。1983 年，K.Fukushima 等提出了神经认知机网络理论；1985 年，D.H.Ackley、G.E.Hinton 和 T.J.Sejnowski 将模拟退火概念移植到 Boltzmann 机模型的学习之中，以保证网络能收敛到全局最小值。1989 年，D.Rumelhart 和 J.McCelland 等提出了 PDP（parallel distributed processing）理论，致力于认知微观结构的探索，同时发展了多层网络的 BP 算法，使 BP 网络成为当前应用最广的网络。

　　"反向传播（Back Propagation）"一词的使用出现在 1985 年后，它的广泛使用是在 1989 年 D.Rumelhart 和 J.McCelland 所著的 *Parallel Distributed Processing* 这本书出版以后。1987 年，T.Kohonen 提出了自组织映射（self organizing map，SOM）。1987 年，美国电气和电子工程师学会 IEEE（institute for electrical and electronic engineers）在圣地亚哥（San Diego）召开了盛大规模的神经网络国际学术会议，国际神经网络学会（international neural networks society）

随之诞生。

1988 年，学会的正式杂志 Neural Networks 创刊。从 1988 年开始，国际神经网络学会和 IEEE 每年联合召开一次国际学术年会。1990 年，IEEE 神经网络会刊问世，各种期刊的神经网络特刊层出不穷，神经网络的理论研究和实际应用进入了一个蓬勃发展的时期。

BP 算法（反向传播算法）的学习过程，由信息的正向传播和误差的反向传播两个过程组成。输入层各神经元负责接收来自外界的输入信息，并传递给中间层各神经元。中间层是内部信息处理层，负责信息变换，根据信息变化能力的需求，中间层可以设计为单隐层或者多隐层结构。最后一个隐层传递到输出层各神经元的信息，经进一步处理后，完成一次学习的正向传播处理过程，由输出层向外界输出信息处理结果。当实际输出与期望输出不符时，进入误差的反向传播阶段。误差通过输出层，按误差梯度下降的方式修正各层权值，向隐层、中间层、输入层逐层反传。周而复始的信息正向传播和误差反向传播过程，是各层权值不断调整的过程，也是神经网络学习训练的过程，此过程一直进行到网络输出的误差减少到可以接受的程度或者预先设定的学习次数为止。

目前神经网络的研究方向和应用很多，反映了多学科交叉技术领域的特点。主要的研究工作集中在以下几个方面：

- 生物原型研究。从生理学、心理学、解剖学、脑科学、病理学等生物科学方面研究神经细胞、神经网络、神经系统的生物原型结构及其功能机理。
- 建立理论模型。根据生物原型的研究，建立神经元、神经网络的理论模型。其中包括概念模型、知识模型、物理化学模型、数学模型等。
- 网络模型与算法研究。在理论模型研究的基础上构建具体的神经网络模型，以实现计算机模拟或准备制作硬件，包括网络学习算法的研究。这方面的工作也称为技术模型研究。
- 人工神经网络应用系统。在网络模型与算法研究的基础上，利用人工神经网络组成实际的应用系统，例如，完成某种信号处理或模式识别的功能、构造专家系统、制成机器人等。

纵观新兴科学技术的发展历史，人类在征服宇宙空间、基本粒子、生命起源等科学技术领域的进程中历经了崎岖不平的道路。我们也会看到，探索人脑功能和神经网络的研究将伴随着重重困难的克服而日新月异。

9.2 反向传播神经网络两个基础算法详解

在正式介绍反向传播（BP）神经网络之前，首先需要介绍两个非常重要的算法，即最小二乘法（LS 算法）和随机梯度下降算法。

最小二乘法是统计分析中常用的逼近计算的一种算法，其交替计算结果使得最终结果尽可能地逼近真实结果。随机梯度下降算法充分利用了 TensorFlow 框架的图运算特性的迭代和高效性,通过不停地判断和选择当前目标下的最优路径,使得能够在最短路径下达到最优的结果,从而提高大数据的计算效率。

9.2.1　最小二乘法详解

最小二乘法（LS 算法）是一种数学优化技术,也是一种机器学习的常用算法。它通过最小化误差的平方和寻找数据的最佳函数匹配。利用最小二乘法可以简便地求得未知的数据,并使这些数据与实际数据之间误差的平方和为最小。最小二乘法还可用于曲线拟合,其他一些优化问题也可通过最小化能量或最大化熵用最小二乘法来表达。

由于最小二乘法不是本章的重点内容,因此这里只通过一个图示（如图 9-1 所示）向读者演示 LS 算法的原理。

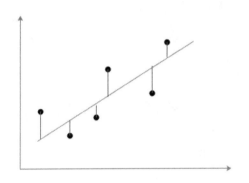

图 9-1　最小二乘法原理

从图 9-1 可以看到,若干个点依次分布在向量空间中,如果希望找出一条直线和这些点达到最佳匹配,那么最简单的一个方法就是希望这些点到直线的值最小,即下面最小二乘法实现公式最小。

$$f(x) = ax + b$$
$$\delta = \sum (f(x_i) - y_i)^2$$

这里直接应用的是真实值与计算值之间的差的平方和。具体而言,这种差值有一个专门的名称,即"残差"。基于此,表达残差的方式有以下三种:

- 范数: 残差绝对值的最大值 $\max\limits_{1 \leq i \leq m} |r_i|$, 即所有数据点中残差距离的最大值。
- L1-范数: 绝对残差和 $\sum_{i=1}^{m} |r_i|$, 即所有数据点残差距离之和。
- L2-范数: 残差平方和 $\sum_{i=1}^{m} r_i^2$。

所谓的最小二乘法是 L2-范数的一个具体应用。通俗地说,就是看模型计算的结果与真实值之间的相似性。

因此,最小二乘法的定义可为:对于给定的数据 (x_i, y_i) (i=1,…,m), 在确定的假设空

间 H 中，求解 $f(x) \in H$，使得残差 $\delta = \sum (f(x_i) - y_i)^2$ 的 L2-范数最小。

看到这里可能有人会问，这里的 $f(x)$ 又该如何表示呢？实际上函数 $f(x)$ 是一条多项式曲线：

$$f(x,w) = w_0 + w_0 x + w_0 x^2 + w_0 x^3 + \cdots + w_0 x^n$$

继续讨论下去，所谓的最小二乘法就是找到一组权重 w，使得 $\delta = \sum (f(x_i) - y_i)^2$ 最小。这样问题就又来了，如何能使得最小二乘法最小呢？

对于求出最小二乘法的结果，可以通过数学上的微积分处理方法获得。这是一个求极值的问题，只需要对权值依次求偏导数，最后令偏导数为 0 即可求出极值点。

$$\frac{\partial f}{\partial w_0} = 2 \sum_1^m (w_0 + w_1 x_i - y_i) = 0$$

$$\frac{\partial f}{\partial w_1} = 2 \sum_1^m (w_0 + w_1 x_i - y_i) x_i = 0$$

$$\cdot$$
$$\cdot$$
$$\cdot$$

$$\frac{\partial f}{\partial w_n} = 2 \sum_1^m (w_0 + w_n x_i - y_i) x_i = 0$$

具体实现最小二乘法的代码如程序 9-1：

【程序 9-1】

```python
import numpy as np
from matplotlib import pyplot as plt

A = np.array([[5],[4]])
C = np.array([[4],[6]])
B = A.T.dot(C)
AA = np.linalg.inv(A.T.dot(A))
l=AA.dot(B)
P=A.dot(l)
x=np.linspace(-2,2,10)
x.shape=(1,10)
xx=A.dot(x)
fig = plt.figure()
ax= fig.add_subplot(111)
ax.plot(xx[0,:],xx[1,:])
ax.plot(A[0],A[1],'ko')

ax.plot([C[0],P[0]],[C[1],P[1]],'r-o')
ax.plot([0,C[0]],[0,C[1]],'m-o')

ax.axvline(x=0,color='black')
ax.axhline(y=0,color='black')
```

```
margin=0.1
ax.text(A[0]+margin, A[1]+margin, r"A",fontsize=20)
ax.text(C[0]+margin, C[1]+margin, r"C",fontsize=20)
ax.text(P[0]+margin, P[1]+margin, r"P",fontsize=20)
ax.text(0+margin,0+margin,r"O",fontsize=20)
ax.text(0+margin,4+margin, r"y",fontsize=20)
ax.text(4+margin,0+margin, r"x",fontsize=20)
plt.xticks(np.arange(-2,3))
plt.yticks(np.arange(-2,3))

ax.axis('equal')
plt.show()
```

最终结果如图 9-2 所示。

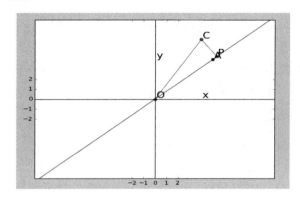

图 9-2　最小二乘法拟合曲线

9.2.2　道士下山的故事——梯度下降算法

在介绍随机梯度下降算法之前，给大家讲一个道士下山的故事。请读者参看图 9-3。

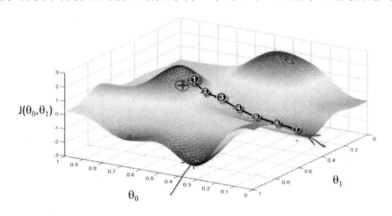

图 9-3　模拟随机梯度下降算法的演示图

这是一个模拟随机梯度下降算法的演示图。为了便于理解，我们将其比喻成道士想要出去游玩的一座山。

设想道士有一天和道友一起到一座不太熟悉的山上去玩，在兴趣盎然中很快地登上了山顶。但是天有不测风云，下起了大雨。如果这时需要道士和其同来的道友以最快的速度下山，那么该怎么办呢？

如果想以最快的速度下山，那么最好的办法就是顺着坡度最陡峭的地方走下去。但是由于不熟悉山路，道士在下山的过程中，每走过一段路程就需要停下来观望，从而选择最陡峭的下山路。这样一路走下来的话，可以在最短时间内走到底。

从图上可以近似地表示为：

$$① \rightarrow ② \rightarrow ③ \rightarrow ④ \rightarrow ⑤ \rightarrow ⑥ \rightarrow ⑦$$

每个数字代表每次停顿的地点，这样只需要在每个停顿的地点选择最陡峭的下山路即可。

这就是一个道士下山的故事。随机梯度下降算法和这个类似，如果想要使用最迅捷的方法，那么最简单的办法就是在下降一个梯度的阶层后，寻找一个当前获得的最大坡度继续下降。这就是随机梯度算法的原理。

从上面的例子可以看到，随机梯度下降算法就是不停地寻找某个节点中下降幅度最大的那个趋势进行迭代计算，直到将数据收缩到符合要求的范围为止。通过数学公式表达的方式计算的话，公式如下：

$$f(\theta) = \theta_0 x_0 + \theta_1 x_1 + \cdots \theta_n x_n = \sum \theta_1 x_1$$

在上一节讲解最小二乘法的时候，我们通过最小二乘法说明了直接求解最优化变量的方法，也介绍了在求解过程中的前提条件是要求计算值与实际值的偏差的平方最小。

但是在随机梯度下降算法中，对于系数需要通过不停地求解出当前位置下最优化的数据。这通过数学方式表达的话就是不停地对系数 θ 求偏导数，即公式如下所示：

$$\frac{\partial}{\partial \theta} f(\theta) = \frac{\partial}{\partial \theta} \frac{1}{2} \sum (f(\theta) - y_i)2 = (f(\theta) - y)x_i$$

公式中 θ 会向着梯度下降最快的方向减少，从而推断出 θ 的最优解。

因此可以说随机梯度下降算法最终被归结为通过迭代计算特征值从而求出最合适的值。θ 求解的公式如下：

$$\theta = \theta - a(f(\theta) - y_i)x_i$$

公式中 α 是下降系数。用较为通俗的话表示就是用以计算每次下降的幅度大小。系数越大，每次计算中的差值越大；系数越小，差值越小，但是计算时间相对延长。

随机梯度下降算法将梯度下降算法通过一个模型来表示的话，可以如图 9-4 所示这样。

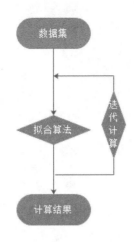

图 9-4　随机梯度下降算法过程

从图中可以看到，实现随机梯度下降算法的关键是拟合算法的实现。而本例的拟合算法实现较为简单，通过不停地修正数据值从而达到数据的最优值。

随机梯度下降算法在神经网络特别是机器学习中应用较广，但是由于其天生的缺陷，噪声较多，使得在计算过程中并不是都向着整体最优解的方向优化，往往可能只是一个局部最优解。为了克服这些困难，一个最好的办法就是增大数据量，在不停地使用数据进行迭代处理的时候，能够确保整体的方向是全局最优解，或者最优结果在全局最优解附近。

【程序 9-2】

```
x = [(2, 0, 3), (1, 0, 3), (1, 1, 3), (1,4, 2), (1, 2, 4)]
y = [5, 6, 8, 10, 11]


epsilon = 0.002


alpha = 0.02
diff = [0, 0]
max_itor = 1000
error0 = 0
error1 = 0
cnt = 0
m = len(x)


theta0 = 0
theta1 = 0
theta2 = 0


while True:
    cnt += 1

    for i in range(m):
        diff[0] = (theta0 * x[i][0] + theta1 * x[i][1] + theta2 * x[i][2]) - y[i]
```

```
            theta0 -= alpha * diff[0] * x[i][0]
            theta1 -= alpha * diff[0] * x[i][1]
            theta2 -= alpha * diff[0] * x[i][2]

    error1 = 0
    for lp in range(len(x)):
        error1 += (y[lp] - (theta0 + theta1 * x[lp][1] + theta2 * x[lp][2])) **
2 / 2
    if abs(error1 - error0) < epsilon:
        break
    else:
        error0 = error1

print('theta0 : %f, theta1 : %f, theta2 : %f, error1 : %f' % (theta0, theta1,
theta2, error1))
print('Done: theta0 : %f, theta1 : %f, theta2 : %f' % (theta0, theta1, theta2))
print('迭代次数: %d' % cnt)
```

最终结果打印如下：

```
theta0 : 0.100684, theta1 : 1.564907, theta2 : 1.920652, error1 : 0.569459
Done: theta0 : 0.100684, theta1 : 1.564907, theta2 : 1.920652
迭代次数: 2118
```

从结果来看，迭代 2118 次即可获得最优解。

9.3　TensorFlow 实战——房屋价格的计算

在介绍完基本理论之后，下面将带领读者使用 TensorFlow 解决实际生活中的一个问题，即房屋价格和面积之间的关系。这是一个简单的模型，目前也仅仅考虑了房屋面积的大小和价格的直接关系。虽然这在现实中是非常简单的计算方法，但是使用这个例子可以综合运用到上文介绍的两个理论方法，加深读者对其中算法的理解。

除此之外，还将介绍通过 TensorFlow 创建一个完整程序的例子。在之前的代码练习中，基本上都是以 Python 为主，这里将据此完整分析示例，展示从数据分析到模型训练再到结果输出的过程。

9.3.1　数据收集

首先从收集到的一组数据开始，图 9-5 展示了某城市房屋的价格与面积之间的关系，每个数据点代表一个例子，即输出值（房屋价格）与输入值（房屋面积）之间的关系。

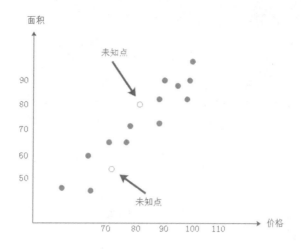

图 9-5　房屋的价格与面积之间的关系

　　这是基于已有数据的统计展示，也是对已经有价格的房屋面积所呈现的一一对应关系。从图中可以看出，大多数的数据都可以有对应的关系，但是有某些位置价格还未确定的数据点，即待定样本点，就无法较为准确地判定其输出值。

9.3.2　模型的建立与计算

　　现在可以看到，本例子需要建立一个可用的模型，即输入数据点的输入值（房屋价格），即可准确地得出预测输出值（房屋面积）。

　　首先是对于模型的选择，需要一个能够拟合收集到数据的最佳模型，这个模型既可以是线性模型，也可以是指数模型。

　　随着图 9-6 给出的不同模拟拟合函数，似乎从图上可以看到，这些拟合函数都可以反映出房屋价格和面积之间的关系。

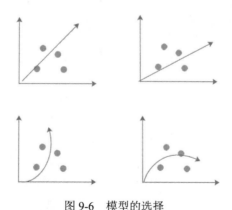

图 9-6　模型的选择

　　为了比较和分辨出哪个模型能够更好地反应出现实的价格和面积的关系，因此需要一个判定拟合模型最符合最佳关系的函数。这个函数被称为"损失函数"或者"成本函数"。成本函数代表的是每个模型上的每个数据点与实际输出值之间偏差的绝对值。因为有的时候差值是负数，所以会以差值的平方代替。即：

$$\delta = \sum (f(\mathrm{x}_i) - \mathrm{y}_i)^2$$

这也是最小二乘法的公式。

 真实情况下，除了最小二乘法，还有其他的损失函数，等后文需要引入的时候我们再介绍。

当然了，无论选择线性模型或是曲线模型，都可以拟合出模型，但是本例将通过线性模型来对数据进行建模。线性模型的表达式为：

$$y=w{\times}x+b=f(x,w)$$

● w：系数权重。
● x：房屋面积。
● b：偏置系数。
● y：输出价格。

从公式上看，这里所需要计算的主要是两个参数，即系数权重与偏置系数。因此模型曲线的建立转化为求 w 和 b 的值上。

如果用传统的方法去求取系数值，在本例中虽然也可以较为简单地求得 w 和 b 的值，但是随着系数的增加，其求解难度会呈现指数级的增加，这在计算过程中往往就会成为"计算噩梦"，使得我们无法求解得到最终的结果。

梯度下降算法是能够逐步计算出最优解的方法（见图9-7），它牺牲了在系数低状态时的便捷性，换得了对所求系数多的时候能够计算下去的方法。

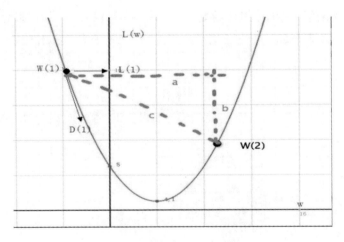

图9-7　梯度下降算法对系数的更新

梯度下降算法 ed 计算在 9.2.2 节中已经有演示，这里就不做介绍了。

9.3.3　TensorFlow 程序设计

现在可以看到，本例子需要建立一个可用的模型，即输入数据点的输入值，可准确地得出预测输出值。

步骤一

首先是程序所需要使用的包的导入：

```
import tensorflow as tf
import numpy as np
```

其中 TensorFlow 是计算时使用的，而 NumPy 提供常用的数据处理函数。

其次是获取房价和房屋面积的数据，本例中数据采用随机生成的形式，可以由如下函数生成：

```
xs = np.random.randint(46,99,100)
ys = 1.7 * xs
```

这里由 NumPy 中的随机函数随机生成 100 个范围在 46~99 的整型数，之后计算房屋的价格，这里把房屋的面积乘以 1.7 作为房屋的价格。

下面是关于 TensorFlow 程序模型的建立，首先第一步就是 TensorFlow 的 2 个基本组件：占位符与变量。

前面已经说过，占位符的作用是把数据像子弹一样源源不断地填入到 TensorFlow 的程序图中，而变量的作用是可以即时地赋予新的数据。

```
x = tf.placeholder(tf.float32)
y = tf.placeholder(tf.float32)
```

这里的 x 和 y 分别被定义为一个 float32 位的占位符，其作用是把真实值导入到计算图中。

```
w = tf.Variable(0.1)
b = tf.Variable(0.1)
```

步骤二

w 和 b 是在模型运行时所用到的系数，被定义为 TensorFlow 变量，在计算时需要不停地改变其中的变量以便模型能够更好地拟合。有一点需要读者注意，这里变量的初始值被设定为 0.1，这是数据格式的另一种表示方式，即 w 和 b 均为 float32 格式的数据。

下面是模型拟合曲线的建立：

```
y_ = tf.multiply(w,x) + b
```

y_就是定义了一个计算公式，即 w 与 x 的乘积之后与 b 求和。这也是我们定义的拟合公式。

之后还有一个非常重要的内容就是损失函数的确定，在上文中，使用了最小二乘法作为模型的损失函数,这里需要将其转化成代码的形式。

```
cost = tf.reduce_sum(tf.pow((y - y_),2))
```

其中 y 与 y_分别为真实值与拟合曲线计算出的值,其差值的平方和作为损失函数。而梯度下降是为了在图计算的过程中寻找梯度下降最快的那个方向,即可用于计算修正系数。

TensorFlow 中自带了梯度下降函数:

```
train_step = tf.train.GradientDescentOptimizer(0.02).minimize(cost)
```

函数中需要设定学习率以及所需要最小化的目标,即要求最小化损失函数。

有了线性模型、损失函数以及定义完毕梯度下降函数,即可以输入数据进入模型的训练阶段。

步骤三

任何一个 TensorFlow 构成的计算图都要在一个会话中进行,因此需要创建一个会话,初始化变量,之后使用会话的 run 函数去执行图运算。

```
init = tf.global_variables_initializer()
sess = tf.Session()
sess.run(init)
for _ in range(10):
    sess.run(train_step,feed_dict={x:xs,y:ys})
```

for 循环设置了循环次数,这里可以使用固定的循环次数,也可以设置损失函数的值为计算门槛。

整体的计算函数分解如图 9-8 所示。

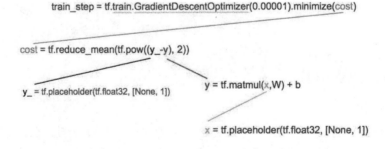

图 9-8　函数分解图

对于整体步骤,首先是让输入的数据进入模型中,之后构建数据模型,根据梯度下降算法更新一次模型的权重值,之后进入下一次迭代,如图 9-9 所示。

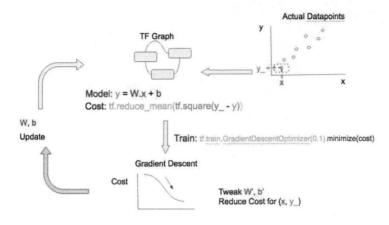

图 9-9　迭代的梯度下降过程

下一次迭代过程中，重复以上这个步骤，但是会使用一个不同的数据点去计算。直到达到预定的迭代次数或者损失函数的差值在阈值之内，从而停止神经网络的训练。

在大多数情况下，数据点越多，模型的训练和学习效果越高；而当数据量不足时，可以通过增大迭代次数，重复使用已用的数据点，虽然此时数据不一样，但是在计算时 w 和 b 已经发生了变化，因此并不影响权重更新。

9.4　反馈神经网络反向传播算法介绍

反向传播算法是神经网络的核心与精髓，在其训练实践中拥有举足轻重的地位。

通俗一点解释，所谓的反向传播算法就是复合函数的链式求导法则的一个强大应用，而且实际上的应用比起理论上的推导要强大得多。本节将介绍反向传播算法的一个最简单模型的推导，虽然模型简单，但是这个简单的模型是反向传播算法应用的基础。

9.4.1　深度学习基础

机器学习在理论上可以看作是统计学在计算机科学上的一个应用。在统计学上，一个非常重要的内容就是拟合和预测，即基于以往的数据，建立光滑的曲线模型以反映数据结果与数据变量的对应关系。

深度学习为统计学的应用，同样也是为了寻找结果与影响因素的一一对应关系，只不过样本点由狭义的 x 和 y 扩展到向量、矩阵等广义的对应点。此时，由于数据的复杂，对应关系模型的复杂度也随之增加，而不能用一个简单的函数来表达。

数学上通过建立复杂的高次多元的函数解决复杂模型拟合的问题，但是大多数都失败，因为过于复杂的函数式是无法进行求解的，也就是其公式的获取不可能。

基于前人的研究，科研工作人员发现可以通过神经网络来表示这样的一个一一对应关系，而神经网络本质就是一个多元复合函数。通过增加神经网络的层次和神经单元，可以更好地表达函数的复合关系，如图 9-10 所示。

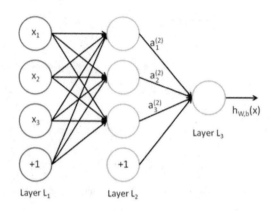

图 9-10　多层神经网络的表示

图 9-10 表示多层神经网络的一个图像表达方式，这与我们在前面 TensorFlow 游乐场中看到的神经网络模型类似。事实上也是如此，通过设置输入层、隐藏层与输出层，可以形成一个多元函数求解相关问题。

如果通过数学表达式将多层神经网络模型表达出来，则公式如图 9-11 所示。

$$a_1 = f(w_{11} + x_1 + w_{12} + x_2 + w_{13} + x_3 + b_1)$$
$$a_2 = f(w_{21} + x_1 + w_{22} + x_2 + w_{23} + x_3 + b_2)$$
$$a_3 = f(w_{31} + x_1 + w_{32} + x_2 + w_{33} + x_3 + b_3)$$
$$h(x) = f(w_{11} + a_1 + w_{12} + a_2 + w_{13} + a_3 + b_1)$$

图 9-11　多层神经网络的数学表达

其中，x 是输入数值；w 是相邻神经元之间的权重，也就是神经网络在训练过程中需要学习的参数。与线性回归相类似的是，神经网络学习同样需要一个"损失函数"，即训练目标通过调整每个权重值 w 来使得损失函数最小。前面在讲解梯度下降算法的时候已经说过，如果权重过多或者指数过大时，直接求解系数是不可能的，因此梯度下降算法是能够求解权重的比较好的方法。

9.4.2　链式求导法则

在前面梯度下降算法的介绍中，并没有对其背后的原理做出比较详细的介绍。实际上梯度下降算法就是链式法则的一个具体应用，如果把前面公式中损失函数以向量的形式表示为：

$$h(x) = f(w_{11}, w_{12}, w_{13}, w_{14}, \cdots, w_{ij})$$

那么其梯度向量则为：

$$\nabla h = \frac{\partial f}{\partial W_{11}} + \frac{\partial f}{\partial W_{12}} + ... + \frac{\partial f}{\partial W_{ij}}$$

因此可以看到，其实所谓的梯度向量就是求出函数在每个向量上的偏导数之和。这也是链式法则善于解决的方面。

下面以 $e=(a+b)\times(b+1)$（其中 $a=2$、$b=1$）为例子，计算其偏导数。

【例 9-1】

$e=(a+b)\times(b+1)$ 的示意图如图 9-12 所示。

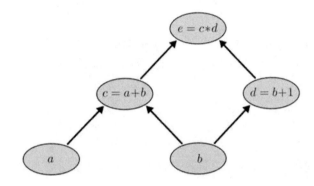

图 9-12　$e=(a+b)\times(b+1)$ 示意图

在本例中为了求得最终值 e 对各个点的梯度，需要将各个点与 e 联系在一起，例如期望求得 e 对输入点 a 的梯度，只需要求得：

$$\frac{\partial e}{\partial a} = \frac{\partial e}{\partial c} \times \frac{\partial c}{\partial a}$$

这样就把 e 与 a 的梯度联系在一起，同理可得：

$$\frac{\partial e}{\partial b} = \frac{\partial e}{\partial c} \times \frac{\partial c}{\partial b} + \frac{\partial e}{\partial d} \times \frac{\partial d}{\partial b}$$

用图示表示如图 9-13 所示。

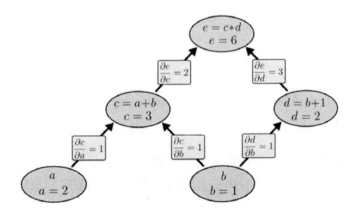

图 9-13　链式法则的应用

这样做的好处是显而易见的，求 e 对 a 的偏导数只需要建立一个 e 到 a 的路径，途中经过 c，那么通过相关的求导链接就可以得到所需要的值。对于求 e 对 b 的偏导数，也只需要建立所有 e 到 b 路径中的求导路径，从而获得需要的值。

9.4.3　反馈神经网络原理与公式推导

在求导过程中，可能有读者已经注意到，如果拉长了求导过程或者增加了其中的单元，那么就会大大增加其中的计算过程，即很多偏导数的求导过程会被反复地计算，因此，在实践中对于权值达到上十万或者上百万的神经网络来说，这样的重复冗余所导致的计算量是很大的。

同样是为了求得对权重的更新，反馈神经网络算法将训练误差 E 看作为以权重向量中每个元素为变量的高维函数，通过不断地更新权重，寻找训练误差的最低点，按误差函数梯度下降的方向更新权值。

 具体计算公式在本节后半部分进行推导。

首先求得最后的输出层与真实值之间的差距，如图 9-14 所示。

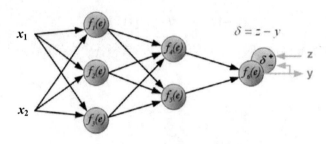

图 9-14　反馈神经网络最终误差的计算

之后以计算出的测量值与真实值为起点，反向传播到上一个节点，并计算出节点的误差值，如图 9-15 所示。

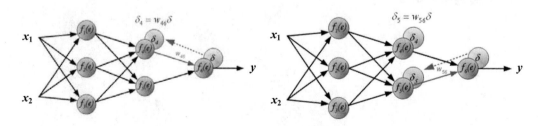

图 9-15　反馈神经网络输出层误差的传播

以后将计算出的节点误差重新设置为起点，依次向后传播误差。此时需要注意的是，对于隐藏层，误差并不是像输出层一样由单个节点确定，而是由多个节点确定，因此对其计算要求得到所有的误差值之和，如图 9-16 所示。

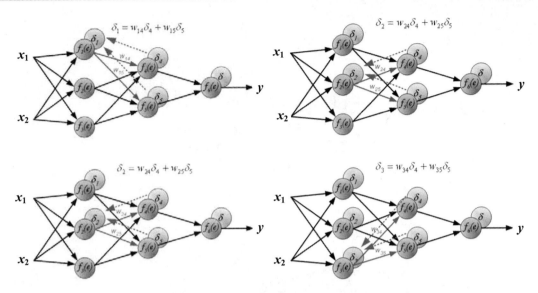

图 9-16　反馈神经网络隐藏层误差的计算

　　通俗地解释，一般情况下误差的产生是由于输入值与权重的计算产生了错误。对于输入值来说，它往往是固定不变的，因此如果对误差进行调节，就需要对权重进行更新，如图 9-17 所示。而权重的更新又是以输入值与真实值的偏差为基础，当最终层的输出误差被反向一层层地传递回来后，每个节点相应地被分配了适合其在神经网络地位中所担负的误差，即只需要更新它所需承担的误差量。

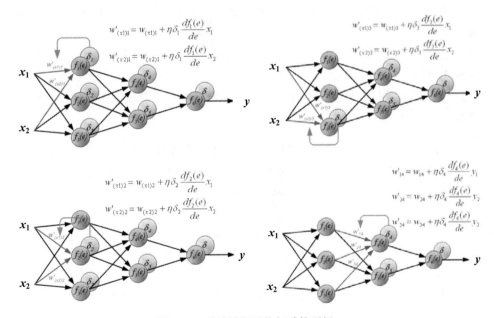

图 9-17　反馈神经网络权重的更新

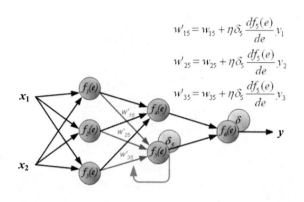

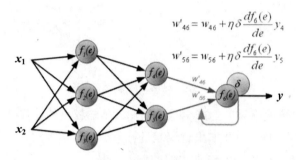

图 9-17　反馈神经网络权重的更新（续）

即在每一层，需要维护输出对当前层的微分值，该微分值相当于被复用于之前每一层里权值的微分计算。因此空间复杂度没有变化，同时也没有重复计算，每一个微分值都在之后的迭代中使用。

下面介绍一下公式的推导。公式的推导需要使用一些高等数学的知识，读者可以跳过，也可以选择继续学习。

首先是算法的分析，前面已经说过，反馈神经网络算法主要需要知道输出值与真实值之间的差值。

- 对输出层单元，误差项是真实值与模型计算值之间的差值。
- 对于隐藏层单元，因为缺少直接的目标值来计算隐藏单元的误差，因此需要以间接的方式来计算隐藏层的误差项对受隐藏单元影响的每一个单元的误差进行加权求和。
- 权值的更新方面，主要依靠学习速率、该权值对应的输入以及单元的误差项。

1. 定义一：前向传播算法

对于前向传播的值传递，隐藏层输出值定义如下：

$$a_h^{H1} = W_h^{H1} \times X_i$$
$$b_h^{H1} = f(a_h^{H1})$$

其中，X_i 是当前节点的输入值，W_h^{H1} 是连接到此节点的权重，a_h^{H1} 是输出值，f 是当前阶段的激活函数，b_h^{H1}为当前节点的输入值经过计算后被激活的值。

对于输出层，定义如下：

$$a_k = \sum W_{hk} \times b_h^{H1}$$

其中，W_{hk}为输入的权重，b_h^{H1}为输入到输出节点的输入值。这里对所有输入值进行权重计算后求得的值，作为神经网络的最后输出值a_k。

2. 定义二：反向传播算法

与前向传播类似，需要首先定义两个值δ_k与δ_h^{H1}：

$$\delta_k = \frac{\partial L}{\partial a_k} = (Y - T)$$

$$\delta_h^{H1} = \frac{\partial L}{\partial a_h^{H1}}$$

其中，δ_k为输出层的误差项，其计算值为真实值与模型计算值之间的差值；Y是计算值；T是输出真实值；δ_h^{H1}为输出层的误差。

 对于δ_k与δ_h^{H1}来说，无论定义在哪个位置，都可以看作当前的输出值对于输入值的梯度计算。

由前面的分析可以看到，所谓的神经网络反馈算法，就是逐层将最终误差进行分解，即每一层只与下一层打交道。这样，基于此点可以假设每一层均为输出层的前一个层级，通过计算前一个层级与输出层的误差得到权重的更新，如图 9-18 所示。

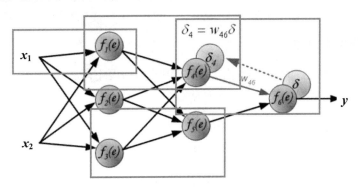

图 9-18　权重的逐层反向传导

因此反馈神经网络计算公式定义为：

$$\delta_h^{HI} = \frac{\partial L}{\partial a_h^{HI}}$$

$$= \frac{\partial L}{\partial b_h^{HI}} \times \frac{\partial b_h^{HI}}{\partial a_h^{HI}}$$

$$= \frac{\partial L}{\partial b_h^{HI}} \times f\,'\left(a_h^{HI}\right)$$

$$= \frac{\partial L}{\partial a_k} \times \frac{\partial a_k}{\partial b_h^{HI}} \times f\,'\left(a_h^{HI}\right)$$

$$= \delta_k \times \sum W_{hk} \times f\,'\left(a_h^{HI}\right)$$

$$= \sum W_{hk} \times \delta_k \times f\,'\left(a_h^{HI}\right)$$

即当前层输出值对误差的梯度可以通过下一层的误差与权重和输入值的梯度乘积获得。公式 $\sum W_{hk} \times \delta_k \times f\,'\left(a_h^{HI}\right)$ 中 δ_k 若为输出层，则可以通过 $\delta_k = \frac{\partial L}{\partial a_k} = (Y - T)$ 求得；而 δ_k 为非输出层时，则可以使用逐层反馈的方式求得 δ_k 的值。

 这里千万要注意，对于 δ_k 与 δ_h^{HI} 来说，其计算结果都是当前的输出值对于输入值的梯度计算，是权重更新过程中一个非常重要的数据计算内容。

或者换一种表述形式将前公式表示为：

$$\delta^l = \sum W_{ij}^l \times \delta_j^{l+1} \times f\,'\left(a_i^l\right)$$

可以看到，通过更为泛化的公式，把当前层的输出对输入的梯度计算转化成求下一个层级的梯度计算值。

3. 定义三：权重的更新

反馈神经网络计算的目的是对权重的更新，因此与梯度下降算法类似，其更新可以仿照梯度下降对权值的更新公式：

$$\theta = \theta - a(f(\theta) - y_i)x_i$$

即：

$$W_{ji} = W_{ji} + a \times \delta_j^l \times x_{ji}$$

$$b_{ji} = b_{ji} + a \times \delta_j^l$$

其中，ji 表示为反向传播时对应的节点系数，通过对 δ_j^l 的计算，就可以更新对应的权重值。W_{ji} 的计算公式如上所示。

对于没有推导的 b_{ji}，其推导过程与 W_{ji} 类似，但是在推导过程中输入值是被消去的，请读者自行查阅相关材料。

9.4.4　反馈神经网络原理的激活函数

现在回到反馈神经网络的函数：

$$\delta^I = \sum W_{ij}^I \times \delta_j^{I+1} \times f'(a_i^I)$$

对于此公式中的 W_{ij}^I 和 δ_j^{I+1} 以及所需要计算的目标 δ^I 已经做了较为详尽的解释。但是对于 $f'(a_i^I)$ 来说，却一直没有做出介绍。

回到前面生物神经元的图示中，传递进来的电信号通过神经元进行传递，由于神经元的突触强弱是有一定的敏感度的，也就是只会对超过一定范围的信号进行反馈。即这个电信号必须大于某个阈值，神经元才会被激活引起后续的传递。

在训练模型中同样需要设置神经元的阈值，即神经元被激活的频率用于传递相应的信息，模型中这种能够确定是否当前神经元节点的函数被称为"激活函数"，如图 9-19 所示。

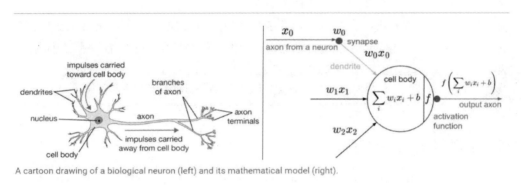

图 9-19　激活函数示意图

激活函数代表生物神经元中接收的信号强度，目前应用范围较广的是 sigmoid 函数。因为它在运行过程中只接受一个值输出，也为一个值的信号，且其输出值为 0~1。

$$y = \frac{1}{1 + e^{-x}}$$

其图形如图 9-20 所示。

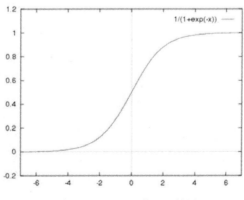

图 9-20　sigmoid 激活函数图

其倒函数求法也较为简单，即：

$$y' = \frac{e^{-x}}{(1 + e^{-x})^2}$$

换一种表示方式为：

$$f(x)' = f(x) \times (1 - f(x))$$

Sigmoid 输入一个实值的数，之后将其压缩到 0~1。特别是对于较大值的负数被映射成 0，而大的正数被映射成 1。

顺带说一句，Sigmoid 函数在神经网络模型中占据了很长时间的统治地位，但是目前已经不常使用了，主要原因是它非常容易区域饱和，当输入开始非常大或者非常小的时候，其梯度区域零会造成在传播过程中产生接近 0 的梯度。这样在后续的传播时会造成梯度消散的现象，因此并不适合用于现代的神经网络模型。

除此之外，近年来涌现出大量新的激活函数模型，例如 Maxout、Tanh 和 ReLU 模型，这些都是为了解决传统的 Sigmoid 模型在更深程度上的神经网络所产生的各种不良影响。

 Sigmoid 模型具体的使用和影响会在后面的 TensorFlow 实战中进行介绍。

9.4.5　反馈神经网络原理的 Python 实现

本节将使用 Python 语言对神经网络的反馈算法做一个实现。经过前几节的解释，我们对神经网络的算法和描述有了一定的理解，下面我们使用 Python 代码来实现一个自己的反馈神经网络。

为了简化起见，这里的神经网络被设置成三层，即只有一个输入层、一个隐藏层以及一个最终的输出层，如图 9-21 所示。

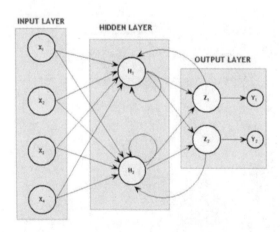

图 9-21　一个隐含层的神经网络

首先是辅助函数的确定：

```python
def rand(a, b):
    return (b - a) * random.random() + a

def make_matrix(m,n,fill=0.0):
    mat = []
    for i in range(m):
        mat.append([fill] * n)
    return mat

def sigmoid(x):
    return 1.0 / (1.0 + math.exp(-x))

def sigmod_derivate(x):
    return x * (1 - x)
```

这里首先定义了随机值，使用 random 包中的 random 函数生成了一系列随机数，之后的 make_matrix 函数生成了相对应的矩阵。sigmoid 和 sigmod_derivate 分别是激活函数和激活函数的倒函数。这也是前文所定义的内容。

然后进入 BP 神经网络类的正式定义，类的定义需要对数据进行内容的设定。

```python
def __init__(self):
    self.input_n = 0
    self.hidden_n = 0
    self.output_n = 0
    self.input_cells = []
    self.hidden_cells = []
    self.output_cells = []
    self.input_weights = []
    self.output_weights = []
```

init 函数是数据内容的初始化，即在其中设置了输入层、隐藏层以及输出层中节点的个数；各个 cell 数据是各个层中节点的数值；weights 数据代表各个层的权重。

setup 函数的作用是对 init 函数中设定的数据进行初始化。

```python
def setup(self,ni,nh,no):
    self.input_n = ni + 1
    self.hidden_n = nh
    self.output_n = no

    self.input_cells = [1.0] * self.input_n
    self.hidden_cells = [1.0] * self.hidden_n
    self.output_cells = [1.0] * self.output_n
```

```
        self.input_weights = make_matrix(self.input_n,self.hidden_n)
        self.output_weights = make_matrix(self.hidden_n,self.output_n)

        # random activate
        for i in range(self.input_n):
            for h in range(self.hidden_n):
                self.input_weights[i][h] = rand(-0.2, 0.2)
        for h in range(self.hidden_n):
            for o in range(self.output_n):
                self.output_weights[h][o] = rand(-2.0, 2.0)
```

首先需要注意，输入层节点个数被设置成 ni+1，这是由于其中包含 bias 偏置数；各个节点与 1.0 相乘是初始化节点的数值；各个层的权重值根据输入层、隐藏层以及输出层中节点的个数被初始化及赋值。

定义完各个层的数目后，下面进入正式的神经网络内容的定义。首先是对于神经网络前向的计算。

```
def predict(self,inputs):
    for i in range(self.input_n - 1):
        self.input_cells[i] = inputs[i]

    for j in range(self.hidden_n):
        total = 0.0
        for i in range(self.input_n):
            total += self.input_cells[i] * self.input_weights[i][j]
        self.hidden_cells[j] = sigmoid(total)

    for k in range(self.output_n):
        total = 0.0
        for j in range(self.hidden_n):
            total += self.hidden_cells[j] * self.output_weights[j][k]
        self.output_cells[k] = sigmoid(total)

    return self.output_cells[:]
```

代码段中将数据输入到函数中，通过隐藏层和输出层的计算，最终以数组的形式输出。同时也要注意到，在进行前向计算时各个层被分开编写，这样做的好处就是对各个层的计算有不同设计方式可以实现，从而能够应对更多问题。

反馈神经网络的 Python 实现最终如程序 9-3 所示。

【程序 9-3】

```
import numpy as np
import math
import random
```

```python
def rand(a, b):
    return (b - a) * random.random() + a

def make_matrix(m,n,fill=0.0):
    mat = []
    for i in range(m):
        mat.append([fill] * n)
    return mat

def sigmoid(x):
return 1.0 / (1.0 + math.exp(-x))

def sigmod_derivate(x):
    return x * (1 - x)

class BPNeuralNetwork:

    def __init__(self):
        self.input_n = 0
        self.hidden_n = 0
        self.output_n = 0
        self.input_cells = []
        self.hidden_cells = []
        self.output_cells = []
        self.input_weights = []
        self.output_weights = []

    def setup(self,ni,nh,no):
        self.input_n = ni + 1
        self.hidden_n = nh
        self.output_n = no

        self.input_cells = [1.0] * self.input_n
        self.hidden_cells = [1.0] * self.hidden_n
        self.output_cells = [1.0] * self.output_n

        self.input_weights = make_matrix(self.input_n,self.hidden_n)
        self.output_weights = make_matrix(self.hidden_n,self.output_n)

        # random activate
        for i in range(self.input_n):
            for h in range(self.hidden_n):
```

```
                self.input_weights[i][h] = rand(-0.2, 0.2)
        for h in range(self.hidden_n):
            for o in range(self.output_n):
                self.output_weights[h][o] = rand(-2.0, 2.0)


    def predict(self,inputs):
        for i in range(self.input_n - 1):
            self.input_cells[i] = inputs[i]

        for j in range(self.hidden_n):
            total = 0.0
            for i in range(self.input_n):
                total += self.input_cells[i] * self.input_weights[i][j]
            self.hidden_cells[j] = sigmoid(total)

        for k in range(self.output_n):
            total = 0.0
            for j in range(self.hidden_n):
                total += self.hidden_cells[j] * self.output_weights[j][k]
            self.output_cells[k] = sigmoid(total)

        return self.output_cells[:]

    def back_propagate(self,case,label,learn):

        self.predict(case)
        #计算输出层的误差
        output_deltas = [0.0] * self.output_n
        for k in range(self.output_n):
            error = label[k] - self.output_cells[k]
            output_deltas[k] = sigmod_derivate(self.output_cells[k]) * error

        #计算隐藏层的误差
        hidden_deltas = [0.0] * self.hidden_n
        for j in range(self.hidden_n):
            error = 0.0
            for k in range(self.output_n):
                error += output_deltas[k] * self.output_weights[j][k]
            hidden_deltas[j] = sigmod_derivate(self.hidden_cells[j]) * error

        #更新输出层权重
        for j in range(self.hidden_n):
            for k in range(self.output_n):
```

```
                self.output_weights[j][k] += learn * output_deltas[k] *
self.hidden_cells[j]

        #更新隐藏层权重
        for i in range(self.input_n):
            for j in range(self.hidden_n):
                self.input_weights[i][j] += learn * hidden_deltas[j] *
self.input_cells[i]

        error = 0
        for o in range(len(label)):
            error += 0.5 * (label[o] - self.output_cells[o]) ** 2

        return error

    def train(self,cases,labels,limit = 100,learn = 0.05):
        for i in range(limit):
            error = 0
            for i in range(len(cases)):
                label = labels[i]
                case = cases[i]
                error += self.back_propagate(case, label, learn)
        pass

    def test(self):
        cases = [
            [0, 0],
            [0, 1],
            [1, 0],
            [1, 1],
        ]
        labels = [[0], [1], [1], [0]]
        self.setup(2, 5, 1)
        self.train(cases, labels, 10000, 0.05)
        for case in cases:
            print(self.predict(case))

if __name__ == '__main__':
    nn = BPNeuralNetwork()
    nn.test()
```

其中的 train 函数和 test 函数分别是程序的训练函数和测试函数，训练函数依次将数据输入到计算模型中，而测试数据被用于对数据结果进行测试，最终打印结果如图 9-22 所示。

$$[0.09026010223414448]$$
$$[0.9088942200464757]$$
$$[0.8999984121991694]$$
$$[0.08909449592645467]$$

图 9-22 程序 9-3 计算结果

程序训练的结果与真实值 labels = [[0], [1], [1], [0]]基本类似，因此可以认为在本例中训练模型是有效的。

9.5 本章小结

本章内容是全书的重点之一，也是神经网络最重要的内容。

反馈神经网络最基本的 2 个算法：最小二乘法以及梯度下降方法，本章都做了详尽的解释，它们是神经网络最基础最核心的内容。虽然随着计算机硬件的提高和编程能力的加强，以及对神经网络研究的加深，在实际使用中有更好的算法来代替，但是其基本理论和思路都是类似的，并没有太大的变化，无非就是细枝末节的修改。因此建议读者对本章的内容做重点学习。

对于反馈神经网络，简单地说就是一个基于上述两个算法的链式法则的具体应用。虽然相对于传统的链式法则，神经网络的链式法则为了节省空间和计算时间，将每个节点进行递归计算，从而使得神经网络的反馈计算能够在多隐藏层和多节点的前提下运行。

本章使用 Python 语言实现了基础算法，这里并不是要求读者去独立完成和编写，而是希望能对算法的具体执行过程有更进一步的了解，因为在后面的 TensorFlow 框架中，这些算法都是被整体封装而不能够探究其算法细节的。

从下一章开始，我们将进入使用 TensorFlow 解决具体问题的章节，也就是本书写作的目的：使用 TensorFlow 完成图像识别。不用担心，我们还会从最简单的 demo 开始，一步步带领大家从理论到实践逐步解决问题。

第 10 章
TensorFlow数据的生成与读取

对于任何一个数据处理的框架，数据的生成与读写都是异常复杂和需要谨慎处理的，特别是对 TensorFlow 这样专门用于数据分析的分布式处理框架，更是重中之重。

TensorFlow 数据处理框架的数据制作与读写所面临的最大挑战是，要覆盖所有数据的可能性因素，这里不仅仅要考虑输入的数据格式、框架所在的硬件、操作系统、数据存储环境等，还要处理和应对大量的不同的读取方式以及庞大的数据吞吐量。

本章将详细介绍 TensorFlow 在数据生成与读取方面的内容，介绍读取数据的线程和队列的基本概念和原理，还会介绍 TensorFlow 数据集的制作，以及数据的输入输出原理和程序设计方法。

本书的目标偏向于图像处理，因此在程序的编写上将以输入图形文件为主，相对于文本的输入，图像文件更为复杂，相信读者在学习完本章内容后，同样会对编写其他的输入输出格式打下坚实的基础。

10.1 TensorFlow 的队列

队列（queue）是一种最为常用的数据输入输出方式，它通过先进先出的线性数据结构，一端只负责增加队列中的数据元素，而数据的输出和删除在队列的另一端实现。在称呼上，能够增加数据元素的队列一端被称为队尾，而输出和删除数据元素的一端被称为队首。

与 Python 中所使用的队列类似，TensorFlow 同样应用队列作为数据的一种基本输入输出方式，可以将新的数据插入到队列的队尾，而在队首将数据输出和删除。当然在 TensorFlow 中，队列处于一种有状态节点的地位，随着其他节点在图中状态的改变，队列这个"节点"的状态可以随之改变。

10.1.1 队列的创建

TensorFlow 中队列的使用和 Python 中队列的函数类似，甚至它的函数名也是参考 Python 中函数命名的。其函数如表 10-1 所示。

表 10-1　TensorFlow 队列常用方法汇总

操　作	描　述
class tf.QueueBase	基本的队列应用类，队列（queue）是一种数据结构，该结构通过多个步骤存储 tensors，并且对 tensors 进行入列（enqueue）与出列（dequeue）操作
tf.enqueue(vals, name=None)	将一个元素编入该队列中。如果在执行该操作时队列已满，那么将会阻塞直到元素编入队列之中
tf.enqueue_many(vals, name=None)	将零个或多个元素编入该队列中
tf.dequeue(name=None)	将元素从队列中移出。如果在执行该操作时队列已空，那么将会阻塞直到元素出列，返回出列的 tensors 的 tuple
tf.dequeue_many(n, name=None)	将一个或多个元素从队列中移出
tf.size(name=None)	计算队列中的元素个数
tf.close	关闭该队列
f.dequeue_up_to(n, name=None)	从该队列中移出 n 个元素并将之连接
tf.dtypes	列出组成元素的数据类型
tf.from_list(index, queues)	根据 queues[index]的参考队列创建一个队列
tf.name	返回队列最下面元素的名称
tf.names	返回队列每一个组成部分的名称
class tf.FIFOQueue	在出列时依照先入先出顺序
class tf.PaddingFIFOQueue	一个 FIFOQueue ，同时根据 padding 支持 batching 变长的 tensor
class tf.RandomShuffleQueue	该队列将随机元素出列

一般而言，创建一个队列首先需要选定数据的出入类型，例如使用 FIFOQueue 函数设定数据为先入先出，还是使用 RandomShuffleQueue 这种随机元素出列的方式。

```
q = tf.FIFOQueue(3,"float")
```

函数的第一个参数是队列中数据的个数，第二个参数是队列中元素的类型。

之后要对队列中元素进行初始化和操作，需要特别注意的是，TensorFlow 中任何操作都是在"会话"中进行的，因此它的基本操作都要通过会话（Session）来完成。

```
sess = tf.Session()
init = q.enqueue_many(([0.1, 0.2, 0.3],))
sess.run(init)
```

enqueue_many 函数将上文中创建的 FIFOQueue 函数进行了填充，因为 q 被设置成包含 3 个元素的函数，因此它一次性被填充进 3 个数据。但是实际上，此时的数据填充并没有完成，而是做出了一个预备工作，真正的工作要在会话中完成，因此还需要运行会话中的 run 函数。

【程序 10-1】

```
import tensorflow as tf

with tf.Session() as sess:
    q = tf.FIFOQueue(3,"float")
    init = q.enqueue_many(([0.1, 0.2, 0.3],))
    init2 = q.dequeue()
    init3 = q.enqueue(1.)

    sess.run(init)
    sess.run(init2)
    sess.run(init3)

    quelen = sess.run(q.size())
    for i in range(quelen):
        print(sess.run(q.dequeue()))
```

在程序 10-1 中，首先设定了一个"先入先出"的队列，之后被填充进入数据。dequeue 函数将其中的数据弹出。此时为了能够让这个队列操作完成，这步操作被命名为 init2，下面的 init3 同样是在对话中完成。之后通过对话操作对这 3 个步骤进行处理。

size 函数获取了当前队列的数据个数，之后通过一个 for 循环将队列中的数据弹出。最终打印结果如下：

```
0.2
0.3
1.0
```

从结果可以看到，第一次 init 的 3 个数值中 0.1 被 dequeue，取而代之的是 enqueue 函数进去的 1 这个数值。

> dequeue 是一个可以堵塞队列的函数，如果其中没有数据被弹出，就会堵塞队列直到数据被填充之后被弹出。

从程序 10-1 可以看到，队列的操作是在主线程的对话中依次完成。这样做的好处是不易堵塞队列，出了 bug 容易查找等。例如数据执行入队操作后，从硬盘上输入数据到内存中以供后续使用，但是这样的操作会造成数据的读取和输入较慢，处理相对困难。

TensorFlow 中提供了 QueueRunner 函数用以解决异步操作问题，它可以创建一系列的线程同时进入主线程内进行操作，数据的读取与操作是同步的，即主线程在进行训练模型的工作的同时将数据从硬盘读入。

【程序 10-2】

```
import tensorflow as tf
```

```
with tf.Session() as sess:
    q = tf.FIFOQueue(1000,"float32")
    counter = tf.Variable(0.0)
    add_op = tf.assign_add(counter, tf.constant(1.0))
    enqueueData_op = q.enqueue(counter)

    qr = tf.train.QueueRunner(q, enqueue_ops=[add_op, enqueueData_op] * 2)
    sess.run(tf.global_variables_initializer())
    enqueue_threads = qr.create_threads(sess, start=True)  # 启动入队线程

    for i in range(10):
        print(sess.run(q.dequeue()))
```

在程序 10-2 中首先创建了 1 个数据处理函数，add_op 的操作是将整数 1 叠加到变量 counter 上去。为了执行这个操作，qr 创建了一个队列管理器 QueueRunner，它调用了 2 个线程去完成此项任务。create_threads 函数用于启动线程，此时线程已经开始运行。

而在 for 循环中，主程序同时也对队列进行操作，即不停地将数据从队列中弹出，结果如图 10-1 所示。

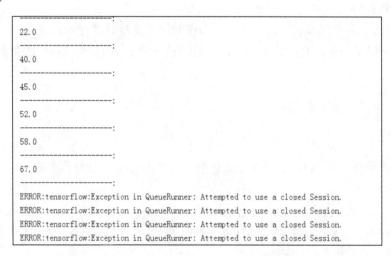

图 10-1　程序 10-2 执行结果

可以看到，程序首先是正常输出，但是在后半部分程序执行时报错了。

```
ERROR:tensorflow:Exception in QueueRunner: Attempted to use a closed Session.
```

错误提示为：队列管理器企图关闭会话，即循环已经结束了，会话要关闭，main 函数已经结束。

如果换一种表述形式：

【程序 10-3】

```
import tensorflow as tf
```

```
q = tf.FIFOQueue(1000,"float32")
counter = tf.Variable(0.0)
add_op = tf.assign_add(counter, tf.constant(1.0))
enqueueData_op = q.enqueue(counter)

sess = tf.Session()
qr = tf.train.QueueRunner(q, enqueue_ops=[add_op, enqueueData_op] * 2)
sess.run(tf.global_variables_initializer())
enqueue_threads = qr.create_threads(sess, start=True)  # 启动入队线程

for i in range(10):
    print(sess.run(q.dequeue()))
```

可以看到此时的会话并没有报错，但是程序也没有结束，而是被挂起。造成这种情况的原因是 add 操作和入队操作没有同步，即 TensorFlow 在队列设计时为了优化 IO 系统，队列的操作一般使用批处理，这样入队线程没有发送结束的信息而程序主线程期望将程序结束，因此造成线程堵塞从而程序被挂起。

> TensorFlow 中一般遇到程序挂起的情况指的是数据输入与处理没有同步，即需要数据时却没有数据被输入到队列中，这样线程就会被整体挂起。而此时 tf 也不会报错而是一直处于等待状态。

10.1.2　线程同步与停止

可以看到，TensorFlow 中的会话是支持多线程的，多个线程可以很方便地在一个会话下共同工作，并行地相互执行。但是通过程序演示也看到，这种同步会造成某个线程想要关闭对话时，对话被强行关闭，而未完成工作的线程也被强行关闭。

TensorFlow 为了解决多线程的同步问题，提供了 Coordinator 和 QueueRunner 函数来对线程进行控制和协调。在使用上，这 2 个类必须同时工作，共同协作来停止会话中所有线程，并向在等待所有工作线程终止的程序报告。

【程序 10-4】
```
import tensorflow as tf

q = tf.FIFOQueue(1000,"float32")
counter = tf.Variable(0.0)
add_op = tf.assign_add(counter, tf.constant(1.0))
enqueueData_op = q.enqueue(counter)

sess = tf.Session()
qr = tf.train.QueueRunner(q, enqueue_ops=[add_op, enqueueData_op] * 2)
```

```
sess.run(tf.global_variables_initializer())
enqueue_threads = qr.create_threads(sess, start=True)

coord = tf.train.Coordinator()
enqueue_threads = qr.create_threads(sess, coord = coord,start=True)

for i in range(0, 10):
    print(sess.run(q.dequeue()))

coord.request_stop()
coord.join(enqueue_threads)
```

在程序 10-4 中，create_threads 函数添加了一个新的参数：线程协调器，用于协调线程之间的关系，启动线程以后，线程协调器在最后负责对所有线程的接受和处理，即当一个线程结束时，线程协调器会对所有的线程发出通知，协调其结束工作。

10.1.3 队列中数据的读取

TensorFlow 支持几种数据读取方式，最简单的数据输入和读取方式就是对常量的读取，使用的是前面所介绍的 placeholder。但是这种数据读取方式需要手动传递 array 类型的数据。之后其 feed 自动在其内部构建出一个迭代器对数据进行迭代。

本节介绍通过队列的形式对数据进行读取的方式。这种数据读取方式节省了大量的冗余操作，数据的读取端只需要和队列打交道，而不需要和数据底层的读取方式以及数据的类型打交道。从而避免了数据的预处理等一些耗费大量时间和精力的工作。

在前面的队列程序演示中，作者使用的是 FIFOQueue 函数，这个函数创建一个先进先出的有序队列，主要用于对数据输入顺序有要求的神经网络模型，例如时序分析等。还有一种队列的创建方法是 RandomShuffleQueue 函数，主要用于无序的读取和输出数据样本。

图 10-2 所示的是通过队列读取数据的一个整体流程。首先由一个单线程将文件名输入队列，之后使用两个 Reader 同时从队列中获取文件名读取数据，Decoder 使用对应的文件名将数据解码后堆入样本队列，最后取出数据样本。

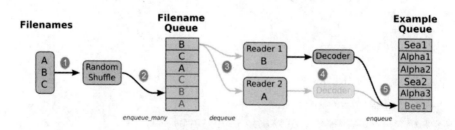

图 10-2　队列读取数据流程

这里的步骤如下：

（1）从磁盘读取数据的名称与路径。

（2）将文件名堆入列队尾部。

（3）从队列头部读取文件名并读取数据。

（4）Decoder 将读取的数据解码。

（5）将数据输入样本队列，供后续处理使用。

10.2 CSV 文件的创建与读取

CSV 文件是最常用的一个文件存储方式。逗号分隔值（Comma-Separated Values，CSV，有时也称为字符分隔值，因为分隔字符也可以不是逗号）文件以纯文本形式存储表格数据（数字和文本）。纯文本意味着该文件是一个字符序列，不包含必须像二进制数字那样被解读的数据。CSV 文件由任意数目的记录组成，记录间以某种换行符分隔；每条记录由字段组成，字段间的分隔符是其他字符或字符串，最常见的是逗号或制表符。通常，所有记录都有完全相同的字段序列。

10.2.1　CSV 文件的创建

对于 CSV 文件的创建，Python 语言有较好的实现方法，这里只需要按需求对其格式进行整理即可。

在本书中，TensorFlow 的 CSV 文件读取主要用于对所需加载文件的地址和标签进行记录，如图 10-3 所示。

图 10-3　文件夹中图片名

新建名为 jpg 的文件夹，其中有若干图片是需要对其读取地址和标签的对象。其代码如下：

【程序 10-5】

```
import os
path = 'jpg'
filenames=os.listdir(path)
strText = ""

with open("train_list.csv", "w") as fid:
```

```
    for a in range(len(filenames)):
        strText = path+os.sep+filenames[a]  + "," + filenames[a].split('_')[0]
+ "\n"
        fid.write(strText)
  fid.close()
```

path 作为文件夹的路径被设定，之后的 filenames 是读取文件路径。而 strText 是字符串，供 CSV 文件写入使用。通过调用文件夹内容的递归查询，重新以需要的格式拼接字符串并重新写入，其格式如图 10-4 所示。

```
jpg\image_0001.jpg,1
jpg\image_0002.jpg,1
jpg\image_0003.jpg,1
jpg\image_0004.jpg,1
jpg\image_0005.jpg,1
```

图 10-4　图片地址和标签

从图中可以看到，每一行被逗号分成两部分，前面一部分是图片的地址，后面一部分是设定的标签名。标签名在本例中设置成 1，或者可以用图片名称的第一个单词记录，如果需要，可以根据需求设定不同的标签。

10.2.2　CSV 文件的读取

在 TensorFlow 使用 CSV 文件，需要使用特殊的 CSV 读取。这通常是为了读取硬盘上图片文件而使用的，方便 TensorFlow 框架在使用时能够一边读取图片一边对图片数据进行处理。这样做的好处能够防止一次性读入过多的数据造成框架资源被耗尽。

在上一小节中设定了 CSV 格式文件，里面分别存有图片的地址和标签，因此再读取数据时需要 2 个数组分别存放读取的图片地址和标签。对于 CSV 文件中数据的读取，只需要调用 readlines 函数，直接读取即可。

```
image_add_list = []
image_label_list = []
with open("train_list.csv") as fid:
    for image in fid.readlines():
        image_add_list.append(image.strip().split(",")[0])
        image_label_list.append(image.strip().split(",")[1])
```

下面将读取的图片转化成需要的格式。在 TensorFlow 中，计算图接受的是一个张量，因此需要先将图片转化成可以被接受的张量格式。代码如下：

```
def get_image(image_path):
    return
tf.image.convert_image_dtype(tf.image.decode_jpeg(tf.read_file(image_path),
channels=1),dtype=tf.float32)
```

这里如果将这个长度的代码拆分的话，可以看到：

- tf.read_file(image_path)：读取图片地址的函数。
- tf.image.decode_jpeg：对读取进来的图片解码成 JPG 格式，并在此设定了图像的通道。需要注意的是，当 channels=1 的时候，读取的图像为灰度，也是我们在后续使用的。
- tf.image.convert_image_dtype：对图像进行转化，将图像矩阵转化成 TensorFlow 需要的张量格式。

完整代码如下：

【程序 10-6】

```
import tensorflow as tf
import cv2

image_add_list = []
image_label_list = []
with open("train_list.csv") as fid:
    for image in fid.readlines():
        image_add_list.append(image.strip().split(",")[0])
        image_label_list.append(image.strip().split(",")[1])
img=tf.image.convert_image_dtype(tf.image.decode_jpeg(tf.read_file('jpg\\im
age_0000.jpg'),channels=1)
,dtype=tf.float32)
print(img)
```

打印结果如下所示。

```
Tensor("convert_image:0", shape=(?, ?, 1), dtype=float32)
```

可以看到这里生成的数据格式是 Tensor，其中 shape 是属于位置，对于输入的数据来说，其 shape 并没有制定。不过一般而言，使用的训练图片和测试图片都是预先知道大小的，因此这里的 shape 可以根据需要制定。

【程序 10-7】

```
import tensorflow as tf
import cv2

image_add_list = []
image_label_list = []
with open("train_list.csv") as fid:
    for image in fid.readlines():
        image_add_list.append(image.strip().split(",")[0])
        image_label_list.append(image.strip().split(",")[1])
```

```
def get_image(image_path):
    return tf.image.convert_image_dtype(
        tf.image.decode_jpeg(
            tf.read_file(image_path), channels=1),
        dtype=tf.uint8)

img =
tf.image.convert_image_dtype(tf.image.decode_jpeg(tf.read_file('jpg\\020.jpg'),
channels=1),dtype=tf.float32)

with tf.Session() as sess:
    cv2Img = sess.run(img)
    img2 = cv2.resize(cv2Img, (200,200))
    cv2.imshow('image', img2)
    cv2.waitKey()
```

程序 10-7 演示了如何将图片重新读取出来，这里通过会话的 run 函数重新获取了图片的矩阵信息，之后 cv2 包重构了矩阵大小并将其重新显示。

 cv2 包的介绍在前面已经做过详细说明。

10.3 TensorFlow 文件的创建与读取

除了使用典型的 CSV 文件提供数据的存储地址和标签外，TensorFlow 还有专门的文件存储和读取格式：TFRecords 文件。这是 TensorFlow 专门提供的、允许将任意数据转化成 TensorFlow 所支持的格式，使得相应的数据集更容易与网络应用架构相匹配。

10.3.1 TFRecords 文件的创建

TFRecords 是 TensorFlow 专用的数据文件格式，它包含了 tf.train.Example 协议内存块（protocol buffer），用于存储特征值与数据内容。通过 tf.python_io.TFRecordWriter 类，可以获取相应的数据并将其填入到 Example 协议内存块中，最终生成 TFRecords 文件。

换句话说，一个 tf.train.Example 包含着若干数据的特征（Features），而 Features 中又包含着 Feature 字典。从细节上说，任何一个 Feature 中又包含着 FloatList，或者 ByteList，或者 Int64List，这三种数据格式之一。TFRecords 就是通过一个包含着二进制文件的数据文件，将特征和标签进行保存以便于 TensorFlow 读取。

```
writer = tf.python_io.TFRecordWriter(TFRecordsPath)
for i in range(0, n):
```

```
    # 创建样本 example
    # ...
    serialized = example.SerializeToString()
    writer.write(serialized)
writer.close()
```

上面代码段是 TFRecords 写入文件的经典格式，即对样本的序列化之后完成写操作。至于 TFRecords 写入格式，可以直接查看源码。下面是 TFRecords 的核心部分：

```
BytesList = _reflection.GeneratedProtocolMessageType('BytesList',
(_message.Message,), dict(
    DESCRIPTOR = _BYTESLIST,
    __module__ = 'tensorflow.core.example.feature_pb2'
    # @@protoc_insertion_point(class_scope:tensorflow.BytesList)
    ))
_sym_db.RegisterMessage(BytesList)

FloatList = _reflection.GeneratedProtocolMessageType('FloatList',
(_message.Message,), dict(
    DESCRIPTOR = _FLOATLIST,
    __module__ = 'tensorflow.core.example.feature_pb2'
    # @@protoc_insertion_point(class_scope:tensorflow.FloatList)
    ))
_sym_db.RegisterMessage(FloatList)

Int64List = _reflection.GeneratedProtocolMessageType('Int64List',
(_message.Message,), dict(
    DESCRIPTOR = _INT64LIST,
    __module__ = 'tensorflow.core.example.feature_pb2'
    # @@protoc_insertion_point(class_scope:tensorflow.Int64List)
    ))
_sym_db.RegisterMessage(Int64List)
```

从摘录的源码中可以看到，TFRecords 可以接受 3 种数据格式，分别为 BytesList、FloatList 以及 Int64List。

【程序 10-8】

```
import tensorflow as tf
import numpy as np
a_data = 0.834

b_data = [17]

c_data = np.array([[0,1,2],[3,4,5]])
c = c_data.astype(np.uint8)
```

```
c_raw = c.tostring()    #转化成字符串

example = tf.train.Example(
        features=tf.train.Features(
            feature={
                'a': tf.train.Feature(
                    float_list=tf.train.FloatList(value=[a_data])    # 方括号表示
输入为 list
                ),
                'b': tf.train.Feature(
                    int64_list=tf.train.Int64List(value=b_data)    # b_data 本身
就是列表
                ),
                'c': tf.train.Feature(
                    bytes_list=tf.train.BytesList(value=[c_raw])    #c_raw 被转化
成 byte 格式
                )
            }
        )
    )
```

从上面的代码段可以看到，a_data、b_data 以及 c_data 是 3 种不同类型的数据。a_data 为 float 类型，因此在写入时使用了 FloatList 格式；b_data 用于列表的写入；对于其他类型的数据，例如数组或者字符串等，需要统一地设置成二进制的形式进行写入。

程序 10-9 演示了随机生成一个数据并将其保存为 TFRecords 的例子。

【程序 10-9】

```
import tensorflow as tf
import numpy as np

writer = tf.python_io.TFRecordWriter("trainArray.tfrecords")
for _ in range(100):
    randomArray = np.random.random((1,3))
    array_raw = randomArray.tobytes()
    example = tf.train.Example(features=tf.train.Features(feature={
        "label": tf.train.Feature(int64_list=tf.train.Int64List(value=[0])),
        'img_raw':
tf.train.Feature(bytes_list=tf.train.BytesList(value=[array_raw]))
    }))
    writer.write(example.SerializeToString())
writer.close()
```

首先生成随机数组。

```
randomArray = np.random.random((1,3))
```

之后需要注意的是，任何一个 TFRecords 能够保存的只能是二进制数据，因此必须有一个专门的步骤将数组转化成二进制形式。

```
array_raw = randomArray.tobytes()
```

之后在 for 循环中，每次使用 NumPy 的随机模式生成一个 1 行 3 列的数组，将其转化为二进制后写入 example 中。

10.3.2　TFRecords 文件的读取

TFRecords 的文件读取稍微麻烦一点。首先要将在 TFRecords 中的数据以输入的格式读取出来，我们在程序 10-7 中演示了写入 3 个不同类型的数据到 TFRecords，现在需要将其读取出来，具体实现的代码段如下：

```
filename_queue = tf.train.string_input_producer(["dataTest.tfrecords"],
num_epochs=None)
reader = tf.TFRecordReader()
_, serialized_example = reader.read(filename_queue)

features = tf.parse_single_example(
    serialized_example,
    features={
        'a': tf.FixedLenFeature([], tf.float32),
        'b': tf.FixedLenFeature([], tf.int64),
        'c': tf.FixedLenFeature([], tf.string)
    }
)

a = features['a']
b = features['b']
c_raw = features['c']
c = tf.decode_raw(c_raw, tf.uint8)
c = tf.reshape(c, [2, 3])
```

首先定义了一个数据队列，将文件名推入队列中。队列根据文件名读取数据，Decoder 将读出的数据解码。但是，我们运行此代码会发现，这个代码段是无法执行的，因为与刚才的 writer 不同，这个 reader 是符号化的，只有在 sess 中 run 才会执行。

如果需要打印数据或者继续执行代码，就需要使用专门的读取函数 tf.train.shuffle_batch 来执行。具体使用的代码段如下：

```
a_batch, b_batch, c_batch = tf.train.shuffle_batch([a, b, c], batch_size=1,
capacity=200, min_after_dequeue=100, num_threads=2)
sess = tf.Session()
init = tf.global_variables_initializer()
sess.run(init)

tf.train.start_queue_runners(sess=sess)
```

```
a_val, b_val, c_val = sess.run([a_batch, b_batch, c_batch])
print(a_val)
print("-----------------------------")
print(b_val)
print("-----------------------------")
print(c_val)
```

tf.train.shuffle_batch 函数用于从 TFRecords 中读取数据，并且保证每次读取出来的数据内容与标签同步，不会造成不匹配的现象。其返回值就是 RandomShuffleQueue.dequeue_many()，即从队列中弹出若干个元素并在队列中进行删除操作。

更进一步的解释请参考 10.1.3 节中图 10-2 所示的内容。在前面已经说了，batch 进行读取的时候，TensorFlow 新建一个队列 queues 和 QueueRunners。而 tf.train.shuffle_batch 函数的具体用处就是构建了一个新的读取队列，不断地把单个元素送入到队列中。为了保证队列不陷入停滞状态，我们通过 QueueRunners 启动了一个专门的线程来完成。

当队列中的个数达到 batch_size 和 min_after_dequeue 之和后，队列会随机将 batch_size 个元素弹出。事实上，其返回值就是 RandomShuffleQueue.dequeue_many 函数的返回值。可以认为，tf.train.shuffle_batch 函数的功能就是将解码完毕的样本加入一个队列中，按需要弹出一个 batch_size 数目的样本。

可能有读者注意到，在会话（sess）正式启动之前，有一句启动线程的代码：

```
tf.train.start_queue_runners(sess=sess)
```

这个函数的作用就是在会话启动前，需要让 TensorFlow 知道哪些线程要启动，否则的话有可能造成队列被挂起，从而堵塞 TensorFlow 框架的运行。这个调用在会话执行前就已经开始运行，能够自动地启动框架内的线程对队列进行填写，以便队列在会话真正进行输出的时候能够有数据输出，否则会造成大量的错误。

10.3.3 图片文件的创建与读取

首先是对文件位置的确定，如图 10-5 所示，我们设置了加载图片数据目录。

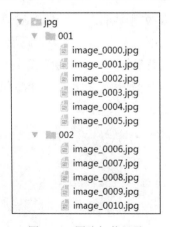

图 10-5 图片加载目录

可以看到，数据图片被归类到不同的图片目录中，这也是图片分类的常用手段。

程序 10-10 演示了读取硬盘上图片文件将其保存为 TFRecords 的例子，在这个例子中，使用每个图片的文件名作为标签，这也是文件处理的常用手段之一。

【程序 10-10】

```
import os
import tensorflow as tf
from PIL import Image

path = "jpg"
filenames=os.listdir(path)
writer = tf.python_io.TFRecordWriter("train.tfrecords")

for name in os.listdir(path):
    class_path = path + os.sep + name
    for img_name in os.listdir(class_path):
        img_path = class_path+os.sep+img_name
        img = Image.open(img_path)
        img = img.resize((500,500))
        img_raw = img.tobytes()
        example = tf.train.Example(features=tf.train.Features(feature={
            "label":
tf.train.Feature(int64_list=tf.train.Int64List(value=[name])),
            'image':
tf.train.Feature(bytes_list=tf.train.BytesList(value=[img_raw]))
        }))
        writer.write(example.SerializeToString())
```

程序 10-10 首先定义了需要导入的包和图片存储的路径：

```
import os
import tensorflow as tf
from PIL import Image
path = "jpg"
filenames=os.listdir(path)
writer = tf.python_io.TFRecordWriter("train.tfrecords")
```

之后的一个 for 循环，从文件夹中取出下一层的文件夹名和每个文件夹中的图片文件名称，之后将图片文件取出改变其矩阵大小，并以字符串的形式进行存储。之后的 example 分别以图片所属的文件夹名称和图片本身作为标签和特征写入到 TFRecords 中进行存储。

至于在 TFRecords 文件中，同样需要使用 TFRecordReader，具体程序见程序 10-11。

【程序 10-11】

```
import tensorflow as tf
```

```
import cv2

filename = "train.tfrecords"
filename_queue = tf.train.string_input_producer([filename])

reader = tf.TFRecordReader()
_, serialized_example = reader.read(filename_queue)    #返回文件名和文件
features = tf.parse_single_example(serialized_example,
    features={
        'label': tf.FixedLenFeature([], tf.int64),
        'image' : tf.FixedLenFeature([], tf.string),
    })

img = tf.decode_raw(features['image'], tf.uint8)
img = tf.reshape(img, [300, 300,3])

img = tf.cast(img, tf.float32) * (1. / 128) - 0.5
label = tf.cast(features['label'], tf.int32)
```

程序 10-11 中首先定义了 TFRecords 的文件名，之后 TFRecordReader 中的 read 函数将读取文件，之后通过特征名和标签名进行解析。这里需要注意的是，因为图片在存储时是以字符串形式存储的矩阵，因此解析时需要以字符串格式进行解析。之后重新调整解析后的字符串格式和维度，重新生成图片文件。

此时生成的 img 是以张量的形式输出，如果需要查阅最终生成的图片，相应的程序见程序 10-12 所示。

【程序 10-12】
```
import tensorflow as tf
import cv2

filename = "train.tfrecords"
filename_queue = tf.train.string_input_producer([filename])

reader = tf.TFRecordReader()
_, serialized_example = reader.read(filename_queue)    #返回文件名和文件
features = tf.parse_single_example(serialized_example,
    features={
        'label': tf.FixedLenFeature([], tf.int64),
        'image' : tf.FixedLenFeature([], tf.string),
    })

img = tf.decode_raw(features['image'], tf.uint8)
img = tf.reshape(img, [300, 300,3])
```

```
sess = tf.Session()
init = tf.global_variables_initializer()

sess.run(init)
threads = tf.train.start_queue_runners(sess=sess)

img = tf.cast(img, tf.float32) * (1. / 128) - 0.5
label = tf.cast(features['label'], tf.int32)

imgcv2 = sess.run(img)
cv2.imshow("cool",imgcv2)
cv2.waitKey()
```

因为此时图片被解析后生成的是一个张量，所以需要通过会话重新将其解析成图片矩阵。前面已经说过，数据其实是被直接填充到队列里的，因此必须使用 tf.train.start_queue_runners 先启动队列，之后通过会话的 run 函数正式执行图片格式的解析。

cv2 是对图片修正和显示的包，在此可以用来对图片进行显示。

可能有读者注意到，在程序 10-12 中，只有第一张图片被显示，这是因为 TFRecordReader 在每次读取时，总是仅仅通过 Iterator 的方式读取当前队列的第一个元素，其他元素在队列中进行等待。

```
for serialized_example in tf.python_io.tf_record_iterator("train.tfrecords"):
    example = tf.train.Example()
    example.ParseFromString(serialized_example)

    image = example.features.feature['image'].bytes_list.value
    label = example.features.feature['label'].int64_list.value
    print image, label
```

上面的代码段通过 Iterator 对 train.tfrecords 进行迭代，每次取出其中的一个元素解析后将其特征和标签输出。

为了增加读取的通用性，可以将程序 10-11 改成专门的读取相关数据的函数，其形式如下：

```
def read_and_decode(filename):
    filename_queue = tf.train.string_input_producer([filename])

    reader = tf.TFRecordReader()
    _, serialized_example = reader.read(filename_queue)
    features = tf.parse_single_example(serialized_example,
        features={
            'label': tf.FixedLenFeature([], tf.int64),
            'image' : tf.FixedLenFeature([], tf.string),
        })
```

```
img = tf.decode_raw(features['image'], tf.uint8)
img = tf.reshape(img, [300, 300,3])

img = tf.cast(img, tf.float32) * (1. / 128) - 0.5
label = tf.cast(features['label'], tf.int32)

return img,label
```

如果需要将数据取出供图使用，可以使用前文所介绍的 tf.train.shuffle_batch 函数。这里需要详细介绍一下其中的参数：

```
shuffle_batch(tensors, batch_size, capacity, min_after_dequeue…
```

shuffle_batch 中主要有 4 个参数：

● tensors：输入的文件张量，即由 TFRecords 解析获得的张量文件。
● batch_size：每次弹出的元素数目。
● capacity：队列能够容纳的最大元素个数。
● min_after_dequeue：指出队列操作后还可以供随机采样出批量数据的样本池大小。显然，capacity 要大于 min_after_dequeue，官网推荐 capacity 大小为 min_after_dequeue + (num_threads + a small safety margin) * batch_size，其中参数 num_threads 表示所用线程数目。

读取数据的程序段如下所示。

```
img_batch,label_batch = tf.train.shuffle_batch([img,label],batch_size=3,
                                    capacity=10,
                                    min_after_dequeue=6)

init = tf.global_variables_initializer()

sess = tf.Session()
sess.run(init)
threads = tf.train.start_queue_runners(sess=sess)
for _ in range(10):
    val = sess.run(img_batch)
    label = sess.run(label_batch)
```

可以看到，这里同样是使用了 train.start_queue_runners 函数去启动 TensorFlow 中所有队列，因为生成的 img_batch、label_batch 在队列中，所以通过一个 for 循环不停地从中获取数据。完整代码如程序 10-13 所示。

【程序 10-13】
```
import tensorflow as tf
import cv2
import Test2
```

```
filename = "train.tfrecords"
img,label = Test2.read_and_decode(filename)

img_batch,label_batch = tf.train.shuffle_batch([img,label],batch_size=1,
                                   capacity=10,
                                   min_after_dequeue=1)

init = tf.global_variables_initializer()
sess = tf.Session()
sess.run(init)
threads = tf.train.start_queue_runners(sess=sess)

for _ in range(10):
    val = sess.run(img_batch)
    label = sess.run(label_batch)
    val.resize((300,300,3))
    cv2.imshow("cool",val)
    cv2.waitKey()
    print(label)
```

这里通过一个 for 循环，将图片不停地读出，之后 cv2 将其重构为可以显示的图片文件，最后打印出图片标签。

当然了，一般情况下不需要直接读取 img_batch、label_batch 中的内容，而只需将其传递给需要进行递归的数据即可。

10.4　本章小结

TensorFlow 数据的生成与读取是非常重要的，但是由于很多原因，它不被重视，因此在 TensorFlow 的学习过程中，大多数读者往往只会使用给定的、制作好的数据集，而不会使用自己的数据集去训练框架。

本章全面介绍 TensorFlow 数据的生成与读取，详细介绍了 TensorFlow 队列的生成，讲解了在文件传输过程中由于线程的异步会造成主线程的崩溃和造成队列堵塞的原因；还讲解了 CSV 文件的创建与读取，这是通过传统的方式对硬盘上信息进行提取和训练的常用方式。TFRecords 是 TensorFlow 专用的读写方式，它通过二进制的形式把数据写入文件中，使之可以通过迭代的方式进行读取。

每一种数据的读写方式都有其优缺点，CSV 文件的读写主要是经过文件的转化和重构，这在系统资源不是很强的时候训练开销较大、速度较慢；而 TFRecords 主要的问题是在生成过程中会产生大量的冗余文件，大大占用了机器的内存空间。因此，在实际应用中究竟使用哪种数据生成和读取方式，还需根据实际情况进行取舍。

第 11 章
◀ 卷积神经网络的原理 ▶

本章开始将进入本书最重要的部分，卷积神经网络的介绍。

卷积神经网络是从信号处理衍生过来的一种对数字信号处理的方式，发展到图像信号处理上，演变成一种专门用来处理具有矩阵特征的网络结构处理方式。卷积神经网络在很多应用上都有独特的优势，甚至可以说是无可比拟的，例如音频处理和图像处理。

本章将会介绍什么是卷积神经网络，会谈到卷积实际上是一种不太复杂的数学运算，即卷积是一种特殊的线性运算形式。之后会介绍"池化"这一概念，它是卷积神经网络中必不可少的操作。还有为了消除过拟合，会介绍 drop-out 这一常用的方法。这些概念和方法是为了让卷积神经网络运行得更加高效的一些常用手段。

11.1 卷积运算基本概念

在数字图像处理中有一种最为基本的处理方法，即线性滤波。将待处理的二维数字看作一个大型矩阵，图像中的每个像素可以看作矩阵中的每个元素，像素的大小就是矩阵中的元素值。

这里使用的滤波工具是另一个小型矩阵，这个矩阵被称为卷积核。卷积核的大小远远小于图像矩阵，具体的计算方式就是对于图像大矩阵中的每个像素，计算其周围的像素和卷积核对应位置的乘积，之后将结果相加，最终得到的终值就是该像素的值，这样就完成了一次卷积。最简单的图像卷积方式如图 11-1 所示。

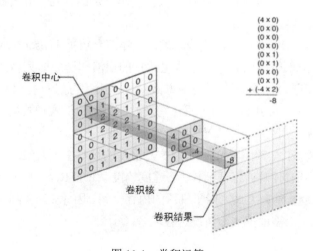

图 11-1　卷积运算

本节将详细介绍卷积的定义、运算以及一些细节调整的方法，这些都是卷积使用中必不可少的内容。

11.1.1　卷积运算

前面已经说过了，卷积实际上是使用两个大小不同的矩阵进行的一种数学运算。为了便于读者理解，从一个例子开始介绍。

假设需要对高速公路上的跑车进行位置追踪，这也是卷积神经网络图像处理的一个非常重要的应用。摄像头接收到的信号被计算为 x(t)，表示跑车在路上时刻 t 的位置。

但是往往实际上的处理没这么简单，因为在自然界无时无刻存在着各种影响，比如摄像头传感器的滞后。因此为了得到跑车位置的实时数据，采用的方法就是对测量结果进行均值化处理。但是对于运动中的目标，时间越久的位置则越不可靠，而时间离计算时越短的位置则与真实值的相关性越高。因此可以对不同的时间段赋予不同的权重，即通过一个权值定义来计算。这个可以表示为：

$$s(t) = \int x(a)\omega(t-a)\,da$$

这种运算方式被称为卷积运算，换个符号表示为：

$$s(t) = (x * \omega)(t)$$

在卷积公式中，第一个参数 x 被称为"输入数据"，而第二个参数 ω 被称为"核函数"，$s(t)$ 是输出，即特征映射。

数字图像处理卷积运算主要有两种思维，即"稀疏矩阵"与"参数共享"。

首先对于稀疏矩阵来说，卷积网络具有稀疏性，即卷积核的大小远远小于输入数据矩阵的大小。例如当输入一个图片信息时，数据的大小可能为上万的结构，但是使用的卷积核却只有几十，这样能够在计算后获取更少的参数特征，极大地减少了后续的计算量。

参数共享指的是在特征提取过程中，一个模型在多个参数之中使用相同的参数，在传统的神经网络中，每个权重只对其连接的输入输出起作用，当其连接的输入输出元素结束后就不会再用到。参数共享指的是在卷积神经网络中，核的每一个元素都被用在输入的每一个位置上，在计算过程中只需学习一个参数集合就能把这个参数应用到所有的图片元素中。

【程序 11-1】

```
import struct
import matplotlib.pyplot as plt
import  numpy as np
dateMat = np.ones((7,7))

kernel = np.array([[2,1,1],[3,0,1],[1,1,0]])

def convolve(dateMat,kernel):
    m,n = dateMat.shape
```

```
    km,kn = kernel.shape
    newMat = np.ones(((m - km + 1),(n - kn + 1)))
    tempMat = np.ones(((km),(kn)))
    for row in range(m - km + 1):
        for col in range(n - kn + 1):
            for m_k in range(km):
                for n_k in range(kn):
                    tempMat[m_k,n_k] = dateMat[(row + m_k),(col + n_k)] *
kernel[m_k,n_k]
            newMat[row,col] = np.sum(tempMat)

    return newMat
```

程序 11-1 使用 Python 实现了卷积操作，在这里由卷积核从左到右、由上到下进行卷积计算，最后返回新的矩阵。

11.1.2　TensorFlow 中卷积函数实现详解

前面章节中通过 Python 实现了卷积的计算，TensorFlow 为了框架计算的迅捷，同样也使用了专门的函数作为卷积计算函数，用法如下。

```
    tf.nn.conv2d(input, filter, strides, padding, use_cudnn_on_gpu=None,
name=None)
```

这是搭建卷积神经网络最为核心的函数之一，非常重要。这个函数核心的参数有 5 个，解释如下：

● input：指需要做卷积的输入图像，它要求是一个 Tensor，具有[batch, in_height, in_width, in_channels]这样的 shape，具体含义是[训练时一个 batch 的图片数量、图片高度、图片宽度、图像通道数]，注意这是一个四维的 Tensor，要求的类型为 float32 或者 float64。

● filter：相当于 CNN 中的卷积核，它要求是一个 Tensor，具有[filter_height, filter_width, in_channels, out_channels]这样的 shape，具体含义是[卷积核的高度、卷积核的宽度、输入图像通道数、输出图像通道数]，要求的类型与参数 input 相同。有一个地方需要注意，第三维 in_channels，就是参数 input 的第四维。

● strides：卷积时在图像每一维的步长，这是一个一维的向量，第一维和第四维默认为 1，而第三维和第四维分别是平行和竖直滑行的步进长度。

● padding：string 类型的量，只能是 SAME、VALID 其中之一，这个值决定了不同的卷积方式。

● use_cudnn_on_gpu：bool 类型，是否使用 cudnn 加速，默认为 true。

对于卷积函数的具体使用，我们看一个例子。假设输入一张单通道大小为 3×3 的图片，使用的 shape 为[1,3,3,1]，此时使用一个[1,1,1,1]大小的卷积核对其操作，程序如下：

【程序 11-2】
```
import tensorflow as tf

input = tf.Variable(tf.random_normal([1, 3, 3, 1]))
filter = tf.Variable(tf.ones([1, 1, 1, 1]))

init = tf.global_variables_initializer()
with tf.Session() as sess:
    sess.run(init)
    conv2d = tf.nn.conv2d(input, filter, strides=[1, 1, 1, 1], padding='VALID')
    print(sess.run(conv2d))
```

程序 11-2 展示了使用一个卷积对矩阵进行处理的例子，最后得到一个[3,3]大小的矩阵。

```
[[[[-1.99257362]
   [-1.18453205]
   [-1.25313473]]

  [[ 0.68782878]
   [-0.96720856]
   [ 1.76341283]]

  [[-0.9811877 ]
   [ 0.41607445]
   [-0.32765821]]]]
```

若将图片替换成一张 3×3 大小的 5 通道图像，则需要使用的卷积核为[1,1,5,1]，得到的结果仍然是一个[3,3]大小的矩阵。

 这里请读者自行修改输入输出参数进行验证。

下面对图片和卷积核做一个修改，令其为 3×3 的卷积核，图片被设置成 5×5 的 5 通道，步长为 1，输出 3×3 的特征值。

【程序 11-3】
```
import tensorflow as tf

input = tf.Variable(tf.random_normal([1, 5, 5, 5]))
filter = tf.Variable(tf.ones([3, 3, 5, 1]))

init = tf.global_variables_initializer()

with tf.Session() as sess:
```

```
sess.run(init)
conv2d = tf.nn.conv2d(input, filter, strides=[1, 1, 1, 1], padding='VALID')
print(sess.run(conv2d))
```

最终结果如下：

```
[[[[ 4.83575153]
  [ 4.83984232]
  [-2.31448555]]

 [[-0.54077381]
  [-3.1328001 ]
  [-9.14840126]]

 [[ 0.60134232]
  [ 1.24828339]
  [-7.26786995]]]]
```

从结果上看，生成了一个[3,3]大小的矩阵，这是由于卷积在工作时，边缘被处理消失，因此生成的图像小于原有的图像。

但是有时候需要生成的卷积结果和原输入矩阵的大小一致，就需要将参数padding的值设为 VALID。当 padding 设其为 SAME 时，表示图像边缘将由一圈 0 补齐，使得卷积后的图像大小和输入大小一致。

00000000000

0xxxxxxxxx0

0xxxxxxxxx0

0xxxxxxxxx0

00000000000

可以看到，上面的 x 是图片的矩阵信息，而外面一圈是补齐的 0，这里 0 在卷积处理时对最终结果没有任何影响。

【程序 11-4】

```
import tensorflow as tf

input = tf.Variable(tf.random_normal([1, 5, 5, 5]))
filter = tf.Variable(tf.ones([3, 3, 5, 1]))

init = tf.global_variables_initializer()

with tf.Session() as sess:
```

```
sess.run(init)
conv2d = tf.nn.conv2d(input, filter, strides=[1, 1, 1, 1], padding='SAME')
print(sess.run(conv2d))
```

在这里可以看到，补全的命令 padding 被设置成 SAME，生成的结果如下：

```
[[[[  2.36198759]
   [  1.52454972]
   [ -5.73274755]
   [ -7.70868206]
   [ -6.87124348]]

  [[  6.64904451]
   [  5.73708153]
   [ -0.6689378 ]
   [ -7.82620192]
   [ -6.9142375 ]]

  [[  9.22388363]
   [  5.45048809]
   [ -2.09295011]
   [ -9.17977238]
   [ -5.40637684]]

  [[  8.83816242]
   [  9.20834255]
   [ 13.31070805]
   [ 11.62901688]
   [ 11.25883579]]

  [[  4.55110455]
   [  4.99581099]
   [  8.24689674]
   [ 11.7465353 ]
   [ 11.30182838]]]]
```

从结果上可以看到，这里生成的是一个[5,5]大小的矩阵，因为在计算时原始图片用 0 在外面一圈补齐，因此可以看到最终生成的矩阵是一个和输入[5,5]大小一致的矩阵。

对于卷积核来说，上面的例子中卷积核的步长为 1。而当步长不为 1 的时候，即卷积核并不是逐一滑行的计算，其程序如下：

【程序 11-5】

```
import tensorflow as tf
```

```
input = tf.Variable(tf.random_normal([1, 5, 5, 5]))
filter = tf.Variable(tf.ones([3, 3, 5, 1]))

init = tf.global_variables_initializer()

with tf.Session() as sess:
    sess.run(init)
    conv2d = tf.nn.conv2d(input, filter, strides=[1, 2, 2, 1], padding='SAME')
    print(sess.run(conv2d))
```

最后说明一下，这里每次输入的是一张图片，从前面的大部分例子中也可以看到，对于数据输入来说，有时候批量的数据输入对计算来说更加有效率，因此在卷积运算函数中也可以对数据进行批量输入，其代码如下：

```
input = tf.Variable(tf.random_normal([n, 5, 5, 5]))
```

这里 n 是输入图片的数量。具体请读者自行修改代码打印验证。

11.1.3　使用卷积函数对图像感兴趣区域进行标注

图像感兴趣区域是指图像内部的一个子区域由计算机自动进行标注的方式。在实际使用中常用不同的卷积核进行标注。上一小节介绍了 TensorFlow 中卷积函数的使用，本小节将使用它对图像感兴趣的区域进行自动提取。

【程序 11-6】
```
import tensorflow as tf
import cv2
import numpy as np

img = cv2.imread("lena.jpg")
img = np.array(img,dtype=np.float32)
x_image=tf.reshape(img,[1, 512,512,3])

filter = tf.Variable(tf.ones([7, 7, 3, 1]))

init = tf.global_variables_initializer()
with tf.Session() as sess:

    sess.run(init)
    res = tf.nn.conv2d(x_image, filter, strides=[1, 2, 2, 1], padding='SAME')
    res_image = sess.run(tf.reshape(res,[256,256]))/128 + 1

cv2.imshow("lena",res_image.astype('uint8'))
cv2.waitKey()
```

程序 11-6 是采用了[9,9]大小的矩阵进行卷积运算的代码，其结果如图 11-2 所示。

图 11-2　低卷积处理的图像结果

从图像结果可以看到，使用了[7,7]大小的卷积核后，生成的图片已经有了边缘特征，此时如果加大卷积核的大小，把它调整为[11,11]，代码如下：

【程序 11-7】
```python
import tensorflow as tf
import cv2
import numpy as np

img = cv2.imread("lena.jpg")
img = np.array(img,dtype=np.float32)
x_image=tf.reshape(img,[1,512,512,3])

filter = tf.Variable(tf.ones([11, 11, 3, 1]))

init = tf.global_variables_initializer()
with tf.Session() as sess:

    sess.run(init)
    res = tf.nn.conv2d(x_image, filter, strides=[1, 2, 2, 1], padding='SAME')
    res_image = sess.run(tf.reshape(res,[256,256]))/128 + 1

cv2.imshow("lena",res_image.astype('uint8'))
cv2.waitKey()
```

生成的结果如图 11-3 所示。

图 11-3　增大卷积核卷积处理的图像结果

此时的区域特征更加明显，但是由于卷积增大得过于强烈，图片的边缘检测已经超过所需要的程度。

11.1.4 池化运算

在通过卷积获得了特征（features）之后，下一步希望利用这些特征去做分类。理论上讲，人们可以使用所有提取得到的特征去训练分类器，例如 softmax 分类器，但这样做面临计算量的挑战。例如：对于一个 96×96 像素的图像，假设我们已经学习得到了 400 个定义在8×8 输入上的特征，每一个特征和图像卷积都会得到一个 (96 − 8 + 1) * (96 − 8 + 1) = 7921 维的卷积特征，由于有 400 个特征，所以每个样例（example）都会得到一个 7921*400 = 3,168,400 维的卷积特征向量。学习一个拥有超过 3 百万特征输入的分类器十分不便，并且容易出现过拟合（over-fitting）。

这个问题的产生是由于卷积后的特征图像具有一种"静态性"的属性，这也就意味着在一个图像区域有用的特征极有可能在另一个区域也同样适用。因此，为了描述大的图像，一个很自然的想法就是对不同位置的特征进行聚合统计，例如，特征提取可以计算图像一个区域上的某个特定特征的平均值（或最大值）。这些概要统计特征不仅具有低得多的维度（相比使用所有提取得到的特征），同时还会改善结果（不容易过拟合）。这种聚合的操作就叫作池化（pooling），有时也称为平均池化或者最大池化（取决于计算池化的方法）。

如果选择图像中的连续范围作为池化区域，并且只是池化相同（重复）的隐藏单元产生的特征，那么这些池化单元就具有平移不变性（translation invariant）。这就意味着即使图像经历了一个小的平移之后，依然会产生相同的（池化的）特征。在很多任务中（例如物体检测、声音识别），我们都更希望得到具有平移不变性的特征，因为即使图像经过了平移，样例（图像）的标记仍然保持不变。

TensorFlow 中池化运算的函数如下：

```
tf.nn.max_pool(value, ksize, strides, padding, name=None)
```

参数是 4 个，和卷积函数很类似，效果如图 11-4 所示。

- value：需要池化的输入，一般池化层接在卷积层后面，所以输入通常是 feature map，依然是[batch, height, width, channels]这样的 shape。
- ksize：池化窗口的大小，取一个四维向量，一般是[1, height, width, 1]，因为我们不想在 batch 和 channels 上做池化，所以这两个维度设为 1。
- strides：和卷积类似，窗口在每一个维度上滑动的步长，一般也是[1, stride,stride, 1]。
- padding：和卷积类似，可以取 VALID 或者 SAME，返回一个 Tensor，类型不变，shape 仍然是[batch, height, width, channels]这种形式。

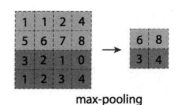

图 11-4 max-pooling 后的图片

池化一个非常重要的作用就是能够帮助输入的数据表示近似不变性。对于平移不变性指的是对输入的数据进行少量平移时，经过池化后的输出结果并不会发生改变。局部平移不变性是一个很有用的性质，尤其是当关心某个特征是否出现而不关心它出现的具体位置时。

例如，当判定一张图像中是否包含人脸时，并不需要判定眼睛的位置，而是需要知道有一只眼睛出现在脸部的左侧，另外一只出现在右侧就可以了。

【程序 11-8】

```
import tensorflow as tf
data=tf.constant([
        [[3.0,2.0,3.0,4.0],
        [2.0,6.0,2.0,4.0],
        [1.0,2.0,1.0,5.0],
        [4.0,3.0,2.0,1.0]]
        ])
data = tf.reshape(data,[1,4,4,1])
maxPooling=tf.nn.max_pool(data, [1, 2, 2, 1], [1, 2, 2, 1], padding='VALID')

with tf.Session() as sess:
    print(sess.run(maxPooling))
```

最终结果如下：

					6	4
					4	5
3	2	3	4
2	6	2	4
1	2	1	5
4	3	2	1

程序打印结果如下：

```
[[[[ 6.]
   [ 4.]]

  [[ 4.]
   [ 5.]]]]
```

11.1.5　使用池化运算加强卷积特征提取

现在考虑 11.1.3 小节中对图像感兴趣区域的提取问题，此时如果在进行卷积后的图片上加上一个卷积，代码如下所示。

【程序 11-9】

```
import tensorflow as tf
import cv2
import numpy as np

img = cv2.imread("lena.jpg")
img = np.array(img,dtype=np.float32)
x_image=tf.reshape(img,[1,512,512,3])

filter = tf.Variable(tf.ones([7, 7, 3, 1]))

init = tf.global_variables_initializer()
with tf.Session() as sess:

    sess.run(init)
    res = tf.nn.conv2d(x_image, filter, strides=[1, 2, 2, 1], padding='SAME')
    res = tf.nn.max_pool(res, [1, 2, 2, 1], [1, 2, 2, 1], padding='VALID')
    res_image = sess.run(tf.reshape(res,[128,128]))/128 + 1

cv2.imshow("lena",res_image.astype('uint8'))
cv2.waitKey()
```

而最终结果如图 11-5 所示。

图 11-5　低卷积处理的图像结果

图 11-5 展示了原图、图像经过[7,7]大小的卷积以及池化后的输出结果，从视觉上看这个图像经过卷积和池化处理后并没有什么变化，我们打印出的张量结果如下。

```
cov:  Tensor("Conv2D:0", shape=(1, 256, 256, 1), dtype=float32)

maxpool:  Tensor("MaxPool:0", shape=(1, 128, 128, 1), dtype=float32)
```

原始图像大小为[512,512]，经过卷积后大小变为[256,256]，再经过池化后图片大小变为[128,128]。这个缩减在神经网络的处理上是非常可观的。

前面通过多种实例和方法说明了卷积运算可以对图像特征所提取出的数据进行特征提取和压缩，这在神经网络中可以极大地提高运算效率和获取图像的特征。但是在拥有这些好处的同时，卷积核池化有其不足之处，主要是在图像进行卷积与池化时可能导致欠拟合（underfit）。当训练模型需要保存精确的图像特征时，使用卷积和池化会加大训练误差，或者当卷积核在图像上移动的步伐过大或过小时，会导致拟合不合适。

11.2　卷积神经网络的结构详解

前面介绍了卷积运算的基本原理和概念，从本质上来说卷积神经网络就是将图像处理中的二维离散卷积运算和神经网络相结合。这种卷积运算可以用于自动提取图像特征，而卷积神经网络也主要应用于二维图像的识别。

11.2.1　卷积神经网络原理

卷积的原理和池化作用在上文已经做了详细的介绍，本节将采用图示的方法更加直观地介绍卷积神经网络的工作原理，并使用 TensorFlow 实现经典的 LeNet 网络，这是卷积神经网络处理图像的开山之作，也是最基础的网络结构。

一个卷积神经网络包含一个输入层、一个卷积层、一个输出层，但是在真正使用的时候，一般会使用多层卷积神经网络不断地去提取特征，特征越抽象，越有利于识别（分类）。而且通常卷积神经网络也包含池化层、全连接层，最后再接输出层。

图 11-6 展示了一幅图片进行卷积神经网络处理的过程。这个处理过程主要包含 4 个步骤：

（1）图像输入：获取输入的数据图像。

（2）卷积：对图像特征进行提取。

（3）maxpool：用于缩小在卷积时获取的图像特征。

（4）全连接层：用于对图像进行分类。

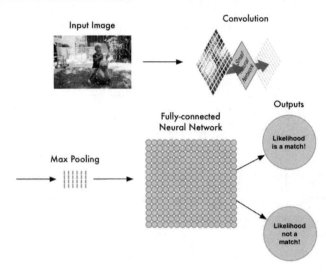

图 11-6　卷积神经网络处理图像的步骤

这几个步骤依次进行，分别具有不同的作用。经过卷积层的图像被分别提取特征后将获得分块的同样大小的图片，如图 11-7 所示。

图 11-7　卷积处理的分解图像

可以看到，经过卷积处理后的图像被分为若干个大小相同的、只具有局部特征的图片。下面继续对分解后的图片使用一个小型神经网络做进一步处理，即将二维矩阵转化成一维数组，如图 11-8 所示。

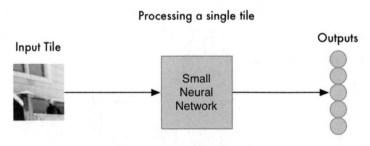

图 11-8　分解后图像的处理

需要说明的是，在这个步骤，也就是对图片进行卷积化处理时，卷积算法对所有的分解后的局部特征进行同样的计算，这个步骤称为"权值共享"。这样做的依据如下：

- 对图像等数组数据来说，局部数组的值经常是高度相关的，可以形成容易被探测到的独特的局部特征。
- 图像和其他信号的局部统计特征与其位置是不太相关的，如果特征图能在图片的一个部分出现，也能出现在任何地方。所以不同位置的单元共享同样的权重，并在数组的不同部分探测相同的模式。

数学上，这种由一个特征图执行的过滤操作是一个离散的卷积，卷积神经网络由此得名。

池化层的作用是对获取的图像特征进行缩减，从前面的例子中可以看到，使用[2,2]大小的矩阵来处理特征矩阵，使得原有的特征矩阵可以缩减到 1/4 大小，特征提取的池化效应如图 11-9 所示。

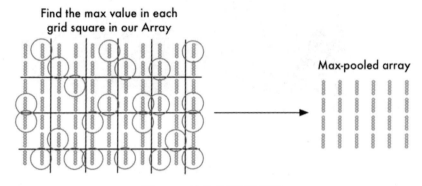

图 11-9 池化处理后的图像

池化层的作用是对获取的图像特征进行缩减，从前面的例子中可以看到，使用[2,2]大小的矩阵来处理特征矩阵，使得原有的特征矩阵可以缩减到 1/4 大小特征提取的池化效应。

经过池化处理的图像矩阵作为神经网络的数据输入，这是一个全连接层，它对所有的数据进行分类处理，并且计算这个图像的所属位置概率最大值，如图 11-10 所示。

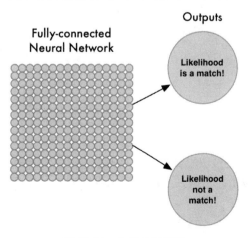

图 11-10 全连接层判断

如果采用较为通俗的语言概括，卷积神经网络是一个层级递增的结构，整个过程举个例子说明，就像是一个人在读报纸一样，首先一字一句地读取，之后整段地理解，最后获得全文内容所表达的意思。卷积神经网络也是从边缘、结构和位置等一起感知物体的形状。

11.2.2 卷积神经网络的应用实例——LeNet5 网络结构

在计算机视觉中卷积神经网络取得了巨大的成功，它在工业上以及商业上的应用很多，一种商业上最典型的应用就是用于识别支票上的手写数字的 LeNet5 神经网络。从 20 世纪 90 年代开始美国大多数银行都用这种技术识别支票上的手写数字，如图 11-11 所示。

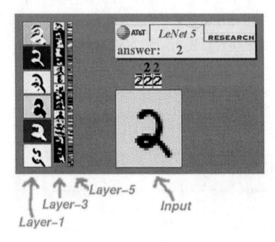

图 11-11 LeNet5 卷积神经网络应用

实际应用中的 LeNet5 卷积神经网络共有 8 层（如图 11-12 所示），其中每层都包含可训练的神经元，连接神经元的是每层的权重。

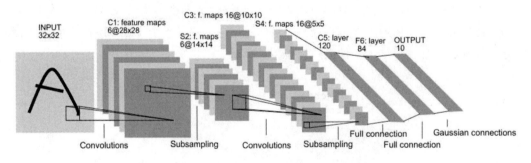

图 11-12 八层 LeNet5 卷积神经网络

首先对于 INPUT 层来说，这是数据的输入层，在原始模型框架中，输入图像大小为 [32,32]，这样能够将所有的手写信息被神经网络感受到。

第一个卷积层 C1 是最初开始进行卷积计算的层数。卷积层特征的计算公式如下：

$$x^i = f\left(\left(\sum x_i^{l-1} * K_{ij}^l\right) + b_j^i\right)$$

其中 $x_i^{l-1} * K_{ij}^l$ 表示从第 1 层到 l+1 层要产生的 feature 数量，即 5×5=25 个；b 代表 bias 的数量，这里的 bias 是 1。从 C1 的深度上来看，模型中的深度为 6，因此可以计算到在卷积层 C1 中所有的参数个数为 6×(5×5+1)=156 个。对于 C1 层来说，每个像素都与前一个输入层的像素相连接，因此 C1 层总共有 156×28×28=122304 个连接。

对于 S2 这个 pooling 层来说，这里是 C1 中的[2,2]区域内的像素求和再加上一个偏置，然后将这个结果再做一次映射（sigmoid 等函数），所以相当于对 S1 做了降维，此处共有 6×2=12 个参数。S2 中的每个像素都与 C1 中的 2×2 个像素和 1 个偏置相连接，所以有 6×5×14× 14=5880 个连接（connection）。C1 到 S2 的处理结构如图 11-13 所示。

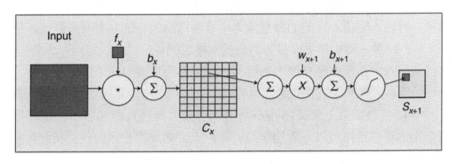

图 11-13　C1 到 S2 的处理结构

LeNet5 最复杂的就是 S2 到 C3 层，其连接如图 11-14 所示。

	0	1	2	3	4	5	6	7	8	9	10	11	12	13	14	15
0	X				X	X	X			X	X	X		X	X	X
1	X	X				X	X	X			X	X	X		X	X
2	X	X	X				X	X	X			X		X		X
3		X	X	X			X	X	X	X			X		X	X
4			X	X	X			X	X	X	X		X	X		X
5				X	X	X			X	X	X	X		X	X	X

图 11-14　S2 到 C3 的处理结构

前 6 个 feature map 与 S2 层相连的 3 个 feature map 相连接，后面 6 个 feature map 与 S2 层相连的 4 个 feature map 相连接，后面 3 个 feature map 与 S2 层部分不相连的 4 个 feature map 相连接，最后一个与 S2 层的所有 feature map 相连。卷积核大小依然为 5×5，所以总共有 6 ×(3×5×5+1)+6×(4×5×5+1)+3×(4×5×5+1)+1×(6×5×5+1)=1516 个参数。而图像大小为 10×10，所以共有 151600 个连接。

S4 是 pooling 层，窗口大小仍然是 2×2，共计 16 个 feature map，所以有 32 个参数，16 ×(25×4+25)=2000 个连接。

C5 是卷积层，总共 120 个 feature map，每个 feature map 与 S4 层所有的 feature map 相连接，卷积核大小是 5×5，而 S4 层的 feature map 的大小也是 5×5，所以 C5 的 feature map 就变成了 1 个点，共计有 120×(25×16+1)=48120 个参数。

F6 层也是全连接层，有 84 个节点，所以有 84×(120+1)=10164 个参数。F6 层采用了正切函数，计算公式为：

$$x^i = f(a_i) = \tanh(a_i)$$

最后是输出层，以上这 8 层合在一起构成了 LeNet5 神经网络的全部结构。

11.2.3 卷积神经网络的训练

卷积网络在本质上是一种输入到输出的映射，它能够学习大量的输入与输出之间的映射关系，而不需要任何输入和输出之间的精确的数学表达式。只要用已知的模式对卷积网络加以训练，网络就具有输入输出对之间的映射能力。卷积网络执行的是有导师训练，所以其样本集是由形如（输入向量，理想输出向量）的向量对构成的。

所有这些向量对，都应该是来源于网络即将模拟的系统的实际"运行"结果。它们可以是从实际运行系统中采集来的。在开始训练前，所有的权都应该用一些"不同的小随机数"进行初始化。"小随机数"用来保证网络不会因权值过大而进入饱和状态，从而导致训练失败；"不同"用来保证网络可以正常地学习。实际上，如果用相同的数去初始化权矩阵，则网络无能力学习。

卷积神经网络的具体使用上和一般反馈神经网络相同，分成前向传播和后向传播。

1. 第一阶段：向前传播阶段

（1）从样本集中取一个样本，将样本输入卷积神经网络。

（2）计算相应的实际输出。

在此阶段，信息从输入层经过逐级的变换，传送到输出层。这个过程也是网络在完成训练后正常运行时执行的过程。在此过程中，网络执行的是计算（实际上就是输入与每层的权值矩阵相乘，得到最后的输出结果）。

2. 第二阶段：向后传播阶段

（1）计算实际输出 Op 与相应的理想输出 Yp 的差。

（2）按极小化误差的方法反向传播调整权值矩阵。

11.3 TensorFlow 实现 LeNet 实例

前面已经介绍了 LeNet 的实例，本节开始根据 LeNet 结构构建这个经典的深度神经网络模型，如图 11-15 所示。本节首先会逐步对 LeNet 中的每一层进行分解，并对神经元的个数、隐藏层的层数以及学习率等神经网络关键参数做出调整，以观察模型训练的时间。

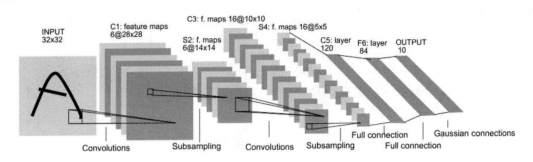

图 11-15　LeNet 神经网络模型

11.3.1　LeNet 模型分解

首先是数据的导入,这里使用的是 MNIST 数据集,对数据的导入使用给定的数据导入方法以及相关的包,代码如下:

```
import tensorflow as tf
from tensorflow.examples.tutorials.mnist import input_data
import time
```

可以看到,这里导入了 3 个包,分别是 tensorflow、input_data 以及 time。

下面是声明输入图片的数据和类别:

```
x = tf.placeholder('float', [None, 784])
y_ = tf.placeholder('float', [None, 10])
```

之后对输入的数据进行转化,前面章节已经介绍了这里的 MNIST 数据集是以[None,784]的数据格式存放的,而对于卷积神经网络来说,需要保存图像的位置信息,因此这里将一维的数组重新转换为二维图像矩阵:

```
x_image = tf.reshape(x, [-1, 28, 28, 1])
```

接下来是第一个卷积层的处理,这里需要将输入的数据由[28,28]转化为[28,28,6]的矩阵,其中第三个参数 "6" 指的是图片经过卷积后分成 6 个通道。具体实现代码如下:

```
filter1 = tf.Variable(tf.truncated_normal([5, 5, 1, 6]))
bias1 = tf.Variable(tf.truncated_normal([6]))
conv1 = tf.nn.conv2d(x_image, filter1, strides=[1, 1, 1, 1], padding='SAME')
h_conv1 = tf.nn.sigmoid(conv1 + bias1)
```

可以看到,这里 filter1 和 bias1 分别是使用 tf 变量初始化卷积核和偏置值。filter1 中的 4 个参数分别表示卷积核是由 5×5 大小的卷积,输入为 1 个通道,输出为 6 个通道。bias1 指的是生成的偏置值与卷积结果进行求和的计算。最后通过 sigmoid 函数求得第一个卷积层输出结果。

在第一个卷积层之后是一个池化层,这里使用的是 maxPooling,对 2×2 大小的框进行最大特征取值。代码如下:

```
maxPool2 = tf.nn.max_pool(h_conv1, ksize=[1, 2, 2, 1],strides=[1, 2, 2, 1],
padding='SAME')
```

可以看到卷积的大小由 ksize 设置，strides 是步进的大小，这里是传统的 2 格步进。

第三层仍旧是卷积层，这里需要进行卷积计算后的大小为[10,10,16]，其后的池化层将特征进行再一次压缩。代码如下：

```
filter2 = tf.Variable(tf.truncated_normal([5, 5, 6, 16]))
bias2 = tf.Variable(tf.truncated_normal([16]))
conv2 = tf.nn.conv2d(maxPool2, filter2, strides=[1, 1, 1, 1], padding='SAME')
h_conv2 = tf.nn.sigmoid(conv2 + bias2)

maxPool3 = tf.nn.max_pool(h_conv2, ksize=[1, 2, 2, 1],strides=[1, 2, 2, 1],
padding='SAME')

filter3 = tf.Variable(tf.truncated_normal([5, 5, 16, 120]))
bias3 = tf.Variable(tf.truncated_normal([120]))
conv3 = tf.nn.conv2d(maxPool3, filter3, strides=[1, 1, 1, 1], padding='SAME')
h_conv3 = tf.nn.sigmoid(conv3 + bias3)
```

后面的 2 个是全连接层，全连接层的作用在整个卷积神经网络中起到"分类器"的作用。如果说卷积层、池化层和激活函数层等操作是将原始数据映射到隐层特征空间的话，全连接层则起到将学到的"分布式特征表示"映射到样本标记空间的作用。具体实现代码如下：

```
W_fc1 = tf.Variable(tf.truncated_normal([7 * 7 * 120, 80]))
b_fc1 = tf.Variable(tf.truncated_normal([80]))
h_pool2_flat = tf.reshape(h_conv3, [-1, 7 * 7 * 120])
h_fc1 = tf.nn.sigmoid(tf.matmul(h_pool2_flat, W_fc1) + b_fc1)

# 输出层，使用 softmax 进行多分类
W_fc2 = tf.Variable(tf.truncated_normal([80, 10]))
b_fc2 = tf.Variable(tf.truncated_normal([10]))
#y_conv = tf.maximum(tf.nn.softmax(tf.matmul(h_fc1, W_fc2) + b_fc2), 1e-30)
y_conv = tf.nn.softmax(tf.matmul(h_fc1, W_fc2) + b_fc2)
```

这里对池化后的数据重新展开，将二维数据重新展开成一维数组之后，计算每一行的元素个数。最后一个输出层使用了 softmax 进行概率计算。

```
cross_entropy = -tf.reduce_sum(y_ * tf.log(y_conv))
train_step =
tf.train.GradientDescentOptimizer(0.001).minimize(cross_entropy)
```

最后是交叉熵作为损失函数，使用梯度下降算法来对模型进行训练。

完整代码如程序 11-10 所示。

【程序 11-10】

```
import tensorflow as tf
from tensorflow.examples.tutorials.mnist import input_data
import time

# 声明输入图片数据，类别
x = tf.placeholder('float', [None, 784])
y_ = tf.placeholder('float', [None, 10])
# 输入图片数据转化
x_image = tf.reshape(x, [-1, 28, 28, 1])

#第一层卷积层，初始化卷积核参数、偏置值，该卷积层 5*5 大小，一个通道，共有 6 个不同卷积核
filter1 = tf.Variable(tf.truncated_normal([5, 5, 1, 6]))
bias1 = tf.Variable(tf.truncated_normal([6]))
conv1 = tf.nn.conv2d(x_image, filter1, strides=[1, 1, 1, 1], padding='SAME')
h_conv1 = tf.nn.sigmoid(conv1 + bias1)

maxPool2 = tf.nn.max_pool(h_conv1, ksize=[1, 2, 2, 1],strides=[1, 2, 2, 1],
padding='SAME')

filter2 = tf.Variable(tf.truncated_normal([5, 5, 6, 16]))
bias2 = tf.Variable(tf.truncated_normal([16]))
conv2 = tf.nn.conv2d(maxPool2, filter2, strides=[1, 1, 1, 1], padding='SAME')
h_conv2 = tf.nn.sigmoid(conv2 + bias2)

maxPool3 = tf.nn.max_pool(h_conv2, ksize=[1, 2, 2, 1],strides=[1, 2, 2, 1],
padding='SAME')

filter3 = tf.Variable(tf.truncated_normal([5, 5, 16, 120]))
bias3 = tf.Variable(tf.truncated_normal([120]))
conv3 = tf.nn.conv2d(maxPool3, filter3, strides=[1, 1, 1, 1], padding='SAME')
h_conv3 = tf.nn.sigmoid(conv3 + bias3)


# 全连接层
# 权值参数
W_fc1 = tf.Variable(tf.truncated_normal([7 * 7 * 120, 80]))
# 偏置值
b_fc1 = tf.Variable(tf.truncated_normal([80]))
# 将卷积的产出展开
h_pool2_flat = tf.reshape(h_conv3, [-1, 7 * 7 * 120])
# 神经网络计算，并添加 sigmoid 激活函数
```

```
h_fc1 = tf.nn.sigmoid(tf.matmul(h_pool2_flat, W_fc1) + b_fc1)


# 输出层，使用 softmax 进行多分类
W_fc2 = tf.Variable(tf.truncated_normal([80, 10]))
b_fc2 = tf.Variable(tf.truncated_normal([10]))
y_conv = tf.nn.softmax(tf.matmul(h_fc1, W_fc2) + b_fc2)
# 损失函数
cross_entropy = -tf.reduce_sum(y_ * tf.log(y_conv))
# 使用 GDO 优化算法来调整参数
train_step =
tf.train.GradientDescentOptimizer(0.001).minimize(cross_entropy)


sess = tf.InteractiveSession()
# 测试正确率
correct_prediction = tf.equal(tf.argmax(y_conv, 1), tf.argmax(y_, 1))
accuracy = tf.reduce_mean(tf.cast(correct_prediction, "float"))


# 所有变量进行初始化
sess.run(tf.global_variables_initializer())


# 获取 mnist 数据
mnist_data_set = input_data.read_data_sets('MNIST_data', one_hot=True)


# 进行训练
start_time = time.time()
for i in range(20000):
    # 获取训练数据
    batch_xs, batch_ys = mnist_data_set.train.next_batch(200)

    # 每迭代 100 个 batch，对当前训练数据进行测试，输出当前预测准确率
    if i % 2 == 0:
        train_accuracy = accuracy.eval(feed_dict={x: batch_xs, y_: batch_ys})
        print("step %d, training accuracy %g" % (i, train_accuracy))
        # 计算间隔时间
        end_time = time.time()
        print('time: ', (end_time - start_time))
        start_time = end_time
    # 训练数据
    train_step.run(feed_dict={x: batch_xs, y_: batch_ys})

# 关闭会话
sess.close()
```

为了验证结果，这里同样使用了 accuracy 作为正确率的判断，对输入的数据计算模型计算结果和真实值之间的差距。

具体结果如下：

```
step 0, training accuracy 0.1
time: 0.07000398635864258
step 2, training accuracy 0.06
time: 0.39702272415161133
step 4, training accuracy 0.135
time: 0.39902281761169434
…
step 494, training accuracy 0.815
time: 0.3930225372314453
step 496, training accuracy 0.825
time: 0.39702272415161133
…
step 1362, training accuracy 0.955
time: 0.4080233573913574
step 1364, training accuracy 0.94
time: 0.40502309799194336
step 1366, training accuracy 0.935
time: 0.40702342987060547
```

可以看到，准确率在平滑地上升，当作第 500 次迭代时，准确率能达到 0.825 左右；而当达到 1350 次迭代时，准确率能达到 0.955 左右。

11.3.2　使用 ReLU 激活函数替代 Sigmoid

对于神经网络模型来说，首先重要的一个目标就是能够达到最好的准确率，这需要通过设计不同的模型和算法完成。其次在模型的训练过程中一般要求能够在最短的时间内达到收敛。

图 11-16 是模型在 1000 次迭代过程中准确率的描绘。此时在对模型的准确率的绘制过程中可以看到，在前面 200 次迭代计算过程中准确率上升得非常慢，之后准确率有个非常快速上升的过程，而到达一定数值后准确率又重新缓慢上升。

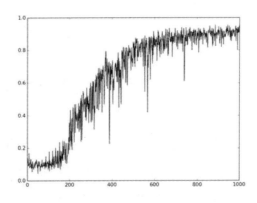

图 11-16　传统的 Sigmoid 和 Tanh 激活函数

前面的分析中，在算法设计上激活函数使用的是 Sigmoid 函数。传统神经网络中最常用的两个激活函数为 Sigmoid 和 Tanh，Sigmoid（Logistic-Sigmoid、Tanh-Sigmoid）被视为神经网络的核心所在。从数学上来看，非线性的 Sigmoid 函数对中央区的信号增益较大，对两侧区的信号增益较小，在信号的特征空间映射上有很好的效果。

但是从图 11-17 上也可以看到，由于 Sigmoid 和 Tanh 激活函数左右两端在很大程度上接近极值，容易饱和，因此在进行计算时，当传递的数值过小或者过大，会使得神经元梯度接近于 0，这使得模型在计算时会多次计算接近于 0 的梯度，从而导致花费了学习时间却使得权重没有更新。

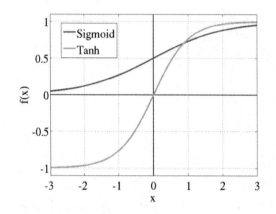

图 11-17　传统的 Sigmoid 和 Tanh 激活函数

为了克服 Sigmoid 和 Tanh 函数容易产生提取梯度迟缓这一弊端，在不断研究的过程中发现了一种新的激活函数 ReLU 函数，如图 11-18 所示。

$$f(x) = \max(0, x)$$

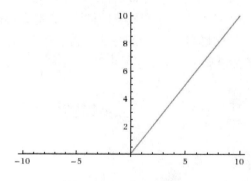

图 11-18　ReLU 激活函数

相较于 Sigmoid 和 Tanh 函数，　ReLU 函数主要有以下几个优点：

● 收敛快：对 SGD 的收敛有巨大的加速作用，可以看到对于达到阈值的数据其激活力度随数值的加大而增大，且呈现出一个线性关系。

● 计算简单：ReLU 的算法较为简单，单纯一个值的输入输出不需要进行一系列的复杂计算，从而获得激活值。

● 不易过拟合：使用 ReLU 进行模型计算时，一部分神经元在计算时如果有一个过大的梯度经过，那么次神经元的梯度会被强行设置为 0，而在整个其后的训练过程中这个神经元都不会被激活，这会导致数据多样化的丢失，但是也能防止过拟合。这个现象一般不被注意到。

【程序 11-11】

```python
import tensorflow as tf
from tensorflow.examples.tutorials.mnist import input_data
import time

# 声明输入图片数据，类别
x = tf.placeholder('float', [None, 784])
y_ = tf.placeholder('float', [None, 10])
# 输入图片数据转化
x_image = tf.reshape(x, [-1, 28, 28, 1])

#第一层卷积层，初始化卷积核参数、偏置值，该卷积层5*5大小，一个通道，共有 6 个不同卷积核
filter1 = tf.Variable(tf.truncated_normal([5, 5, 1, 6]))
bias1 = tf.Variable(tf.truncated_normal([6]))
conv1 = tf.nn.conv2d(x_image, filter1, strides=[1, 1, 1, 1], padding='SAME')
h_conv1 = tf.nn.relu(conv1 + bias1)

maxPool2 = tf.nn.max_pool(h_conv1, ksize=[1, 2, 2, 1],strides=[1, 2, 2, 1],
padding='SAME')

filter2 = tf.Variable(tf.truncated_normal([5, 5, 6, 16]))
bias2 = tf.Variable(tf.truncated_normal([16]))
conv2 = tf.nn.conv2d(maxPool2, filter2, strides=[1, 1, 1, 1], padding='SAME')
h_conv2 = tf.nn.relu(conv2 + bias2)

maxPool3 = tf.nn.max_pool(h_conv2, ksize=[1, 2, 2, 1],strides=[1, 2, 2, 1],
padding='SAME')

filter3 = tf.Variable(tf.truncated_normal([5, 5, 16, 120]))
bias3 = tf.Variable(tf.truncated_normal([120]))
conv3 = tf.nn.conv2d(maxPool3, filter3, strides=[1, 1, 1, 1], padding='SAME')
h_conv3 = tf.nn.relu(conv3 + bias3)

# 全连接层
# 权值参数
W_fc1 = tf.Variable(tf.truncated_normal([7 * 7 * 120, 80]))
# 偏置值
```

```python
    b_fc1 = tf.Variable(tf.truncated_normal([80]))
    # 将卷积的产出展开
    h_pool2_flat = tf.reshape(h_conv3, [-1, 7 * 7 * 120])
    # 神经网络计算，并添加 relu 激活函数
    h_fc1 = tf.nn.relu(tf.matmul(h_pool2_flat, W_fc1) + b_fc1)


    # 输出层，使用 softmax 进行多分类
    W_fc2 = tf.Variable(tf.truncated_normal([80, 10]))
    b_fc2 = tf.Variable(tf.truncated_normal([10]))
    y_conv = tf.nn.softmax(tf.matmul(h_fc1, W_fc2) + b_fc2)
    # 损失函数
    cross_entropy = -tf.reduce_sum(y_ * tf.log(y_conv))
    # 使用 GDO 优化算法来调整参数
    train_step =
tf.train.GradientDescentOptimizer(0.001).minimize(cross_entropy)

    sess = tf.InteractiveSession()
    # 测试正确率
    correct_prediction = tf.equal(tf.argmax(y_conv, 1), tf.argmax(y_, 1))
    accuracy = tf.reduce_mean(tf.cast(correct_prediction, "float"))


    # 所有变量进行初始化
    sess.run(tf.global_variables_initializer())


    # 获取 mnist 数据
    mnist_data_set = input_data.read_data_sets('MNIST_data', one_hot=True)


    # 进行训练
    start_time = time.time()
    for i in range(20000):
        # 获取训练数据
        batch_xs, batch_ys = mnist_data_set.train.next_batch(200)

        # 每迭代 100 个 batch，对当前训练数据进行测试，输出当前预测准确率
        if i % 2 == 0:
            train_accuracy = accuracy.eval(feed_dict={x: batch_xs, y_: batch_ys})
            print("step %d, training accuracy %g" % (i, train_accuracy))
            # 计算间隔时间
            end_time = time.time()
            print('time: ', (end_time - start_time))
            start_time = end_time
        # 训练数据
```

```
    train_step.run(feed_dict={x: batch_xs, y_ : batch_ys})

# 关闭会话
sess.close()
```

在程序 11-11 中使用了 ReLU 函数替代 Sigmoid 函数,其他没有变化,准确率结果如图 11-19 所示。

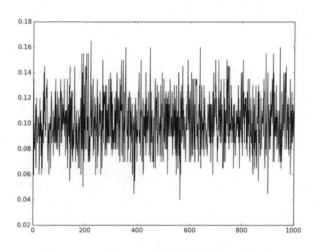

图 11-19　使用 ReLU 激活函数的准确率计算

从图中可以看到,准确率并没有提高,反而长时间在低水平徘徊。在前面介绍 ReLU 优点的时候就说过,不同的学习率对 ReLU 模型的训练会有很大影响,准确率设置不当会造成大量的神经元被锁死。如果此时将模型的学习率做个改变:

```
    train_step =
tf.train.GradientDescentOptimizer(0.0001).minimize(cross_entropy)
```

即减少了模型的学习率,由 0.001 变为 0.0001,这时候准确率会发生什么变化呢?具体请读者自行修改代码完成测试。

11.3.3　程序的重构——模块化设计

在上文程序设计中为了反应 LeNet 模型的基本结构,在程序编写时遵循了"由前向后,缺什么补什么"的思路。结果可以看到,程序也能较好地完成工作,达到模型设计的目的。但是也可以看到,这种程序的设计模式是非常臃肿的,因此本小节将对程序进行重构。

首先可以看到,为了模型的正常使用,在图计算过程中需要使用大量的权重值和偏置量。这些都是由 TensorFlow 变量所设置。而变量带来的问题就是在每次图对话计算过程中都要被反复初始化和赋予新值,因此在程序的编写过程中为了更好地反应模型的设计问题,不在 TensorFlow 进行初始化运算时反复进行格式化。

```
def weight_variable(shape):
 initial = tf.truncated_normal(shape, stddev=0.1)
```

```
    return tf.Variable(initial)
```

```
#初始化单个卷积核上的偏置值
def bias_variable(shape):
 initial = tf.constant(0.1, shape=shape)
 return tf.Variable(initial)
```

对于 weight_variable 函数中，tf.truncated_normal 初始函数将根据所得到的均值和标准差生成一个随机分布。此时就是根据传递进来的矩阵的元素个数生成一个标准差为 0.1 的矩阵。

而 bias_variable 函数是首先生成了一个值为 0.1 的矩阵，之后将其强制改变为 TensorFlow 的变量形式，这也是 TensorFlow 图计算的一种常用强制赋值的方法。

下面继续对代码进行分析。卷积变化以及 max-pooling 也是最为常用的函数，观察这些函数可以知道卷积使用的步长和边距都是相同，这样做的好处是为了保证输入和输出同样大小。2 个池化层也使用统一的 2×2 大小的模板做池化处理，因此也可以将这 2 个步骤抽象成函数。

```
def conv2d(x, W):
    return tf.nn.conv2d(x, W, strides=[1, 1, 1, 1], padding='SAME')


def max_pool_2x2(x):
    return tf.nn.max_pool(x, ksize=[1, 2, 2, 1],strides=[1, 2, 2, 1],
padding='SAME')
```

第一层由一个卷积接一个 max pooling 完成。卷积在每个 5×5 的 patch 中算出 6 个特征。卷积的权重张量形状是[5, 5, 1, 6]，前两个维度是 patch 的大小，接着是输入的通道数目，最后是输出的通道数目。对于每一个输出通道都有一个对应的偏置量，然后应用 ReLU 激活函数，最后进行 max pooling。

```
W_conv1 = weight_variable([5, 5, 1, 6])
b_conv1 = bias_variable([6])
h_conv1 = tf.nn.relu(conv2d(x_image, W_conv1) + b_conv1)
h_pool1 = max_pool_2x2(h_conv1)
```

为了构建一个更深的网络第二层，每个 5×5 的 patch 会得到 16 个特征。

```
W_conv2 = weight_variable([5, 5, 6, 16])
b_conv2 = bias_variable([16])
h_conv2 = tf.nn.relu(conv2d(h_pool1, W_conv2) + b_conv2)
h_pool2 = max_pool_2x2(h_conv2)
```

此时经过 2 次卷积核池化处理后的图片尺寸减小到 7×7，加入一个有 120 个神经元的全连接层，用于处理整个图片。而为了全连接的计算，需要把池化层输出的张量 reshape 成一些向量，乘上权重矩阵，加上偏置，然后对其使用 ReLU。

```
W_fc1 = weight_variable([7*7*16,120])
# 偏置值
```

```
b_fc1 = bias_variable([120])
# 将卷积的产出展开
h_pool2_flat = tf.reshape(h_pool2, [-1, 7 * 7 * 16])
# 神经网络计算，并添加 relu 激活函数
h_fc1 = tf.nn.relu(tf.matmul(h_pool2_flat, W_fc1) + b_fc1)

W_fc2 = weight_variable([120,10])
b_fc2 = bias_variable([10])
```

最后一个 softmax 函数用于计算输出的数据对应于分类概率的大小。

```
y_conv = tf.nn.softmax(tf.matmul(h_fc1, W_fc2) + b_fc2)
```

以上就是重构之后的程序代码，完整代码如程序 11-12 所示。

【程序 11-12】

```
import tensorflow as tf
from tensorflow.examples.tutorials.mnist import input_data
import time
import matplotlib.pyplot as plt

def weight_variable(shape):
 initial = tf.truncated_normal(shape, stddev=0.1)
 return tf.Variable(initial)

#初始化单个卷积核上的偏置值
def bias_variable(shape):
 initial = tf.constant(0.1, shape=shape)
 return tf.Variable(initial)

#输入特征 x，用卷积核 W 进行卷积运算，strides 为卷积核移动步长
#padding 表示是否需要补齐边缘像素使输出图像大小不变
def conv2d(x, W):
 return tf.nn.conv2d(x, W, strides=[1, 1, 1, 1], padding='SAME')

#对 x 进行最大池化操作，ksize 进行池化的范围,
def max_pool_2x2(x):
 return tf.nn.max_pool(x, ksize=[1, 2, 2, 1],strides=[1, 2, 2, 1],
padding='SAME')

sess = tf.InteractiveSession()
# 声明输入图片数据、类别
x = tf.placeholder('float32', [None, 784])
y_ = tf.placeholder('float32', [None, 10])
# 输入图片数据转化
```

```
x_image = tf.reshape(x, [-1, 28, 28, 1])

W_conv1 = weight_variable([5, 5, 1, 6])
b_conv1 = bias_variable([6])
h_conv1 = tf.nn.relu(conv2d(x_image, W_conv1) + b_conv1)
h_pool1 = max_pool_2x2(h_conv1)

W_conv2 = weight_variable([5, 5, 6, 16])
b_conv2 = bias_variable([16])
h_conv2 = tf.nn.relu(conv2d(h_pool1, W_conv2) + b_conv2)
h_pool2 = max_pool_2x2(h_conv2)

W_fc1 = weight_variable([7*7*16,120])
# 偏置值
b_fc1 = bias_variable([120])
# 将卷积的产出展开
h_pool2_flat = tf.reshape(h_pool2, [-1, 7 * 7 * 16])
# 神经网络计算，并添加 relu 激活函数
h_fc1 = tf.nn.relu(tf.matmul(h_pool2_flat, W_fc1) + b_fc1)

W_fc2 = weight_variable([120,10])
b_fc2 = bias_variable([10])
y_conv = tf.nn.softmax(tf.matmul(h_fc1, W_fc2) + b_fc2)


# 代价函数
cross_entropy = -tf.reduce_sum(y_ * tf.log(y_conv))
# 使用 Adam 优化算法来调整参数
train_step = tf.train.GradientDescentOptimizer(1e-4).minimize(cross_entropy)

# 测试正确率
correct_prediction = tf.equal(tf.argmax(y_conv, 1), tf.argmax(y_, 1))
accuracy = tf.reduce_mean(tf.cast(correct_prediction, "float32"))

# 所有变量进行初始化
sess.run(tf.global_variables_initializer())

# 获取 mnist 数据
mnist_data_set = input_data.read_data_sets('MNIST_data', one_hot=True)
c = []

# 进行训练
start_time = time.time()
for i in range(1000):
```

```
# 获取训练数据
batch_xs, batch_ys = mnist_data_set.train.next_batch(200)

# 每迭代 10 个 batch，对当前训练数据进行测试，输出当前预测准确率
if i % 2 == 0:
    train_accuracy = accuracy.eval(feed_dict={x: batch_xs, y_: batch_ys})
    c.append(train_accuracy)
    print("step %d, training accuracy %g" % (i, train_accuracy))
    # 计算间隔时间
    end_time = time.time()
    print('time: ', (end_time - start_time))
    start_time = end_time
# 训练数据
train_step.run(feed_dict={x: batch_xs, y_: batch_ys})


sess.close()
plt.plot(c)
plt.tight_layout()
plt.savefig('cnn-tf-cifar10-2.png', dpi=200)
```

具体结果请读者自行打印完成。

11.3.4 卷积核和隐藏层参数的修改

前面通过调整激活函数和学习率使得模型的准确率有了非常大的提高。对于深度学习甚至于机器学习来说，调节参数是必须掌握的模型构建技能。除此之外，深度学习中有不同的隐藏层和每层包含的神经元，通过调节这些神经元和隐藏层的数目，也可以改善神经网络模型的设计。

程序 11-13 修改了每个隐藏层中神经元的数目，即第一次生成了 32 个通道的卷积层，第二层为 64，而在全连接阶段使用了 1024 个神经元作为学习参数。程序代码如下：

【程序 11-13】

```
import tensorflow as tf
from tensorflow.examples.tutorials.mnist import input_data
import time
import matplotlib.pyplot as plt


def weight_variable(shape):
    initial = tf.truncated_normal(shape, stddev=0.1)
    return tf.Variable(initial)


#初始化单个卷积核上的偏置值
```

```
def bias_variable(shape):
    initial = tf.constant(0.1, shape=shape)
    return tf.Variable(initial)


#输入特征 x，用卷积核 W 进行卷积运算，strides 为卷积核移动步长
#padding 表示是否需要补齐边缘像素使输出图像大小不变
def conv2d(x, W):
    return tf.nn.conv2d(x, W, strides=[1, 1, 1, 1], padding='SAME')

#对 x 进行最大池化操作，ksize 进行池化的范围，
def max_pool_2x2(x):
    return tf.nn.max_pool(x, ksize=[1, 2, 2, 1],strides=[1, 2, 2, 1],
padding='SAME')


sess = tf.InteractiveSession()
# 声明输入图片数据、类别
x = tf.placeholder('float32', [None, 784])
y_ = tf.placeholder('float32', [None, 10])
# 输入图片数据转化
x_image = tf.reshape(x, [-1, 28, 28, 1])



W_conv1 = weight_variable([5, 5, 1, 32])
b_conv1 = bias_variable([32])
h_conv1 = tf.nn.relu(conv2d(x_image, W_conv1) + b_conv1)
h_pool1 = max_pool_2x2(h_conv1)



W_conv2 = weight_variable([5, 5, 32, 64])
b_conv2 = bias_variable([64])
h_conv2 = tf.nn.relu(conv2d(h_pool1, W_conv2) + b_conv2)
h_pool2 = max_pool_2x2(h_conv2)



W_fc1 = weight_variable([7*7*64,1024])
# 偏置值
b_fc1 = bias_variable([1024])
# 将卷积的产出展开
h_pool2_flat = tf.reshape(h_pool2, [-1, 7 * 7 * 64])
# 神经网络计算，并添加 relu 激活函数
h_fc1 = tf.nn.relu(tf.matmul(h_pool2_flat, W_fc1) + b_fc1)

W_fc2 = weight_variable([1024,10])
```

```
b_fc2 = bias_variable([10])
y_conv = tf.nn.softmax(tf.matmul(h_fc1, W_fc2) + b_fc2)

# 代价函数
cross_entropy = -tf.reduce_sum(y_ * tf.log(y_conv))
# 使用 Adam 优化算法来调整参数
train_step = tf.train.GradientDescentOptimizer(1e-4).minimize(cross_entropy)

# 测试正确率
correct_prediction = tf.equal(tf.argmax(y_conv, 1), tf.argmax(y_, 1))
accuracy = tf.reduce_mean(tf.cast(correct_prediction, "float32"))

# 所有变量进行初始化
sess.run(tf.global_variables_initializer())

# 获取 mnist 数据
mnist_data_set = input_data.read_data_sets('MNIST_data', one_hot=True)
c = []

# 进行训练
start_time = time.time()
for i in range(1000):
    # 获取训练数据
    batch_xs, batch_ys = mnist_data_set.train.next_batch(200)

    # 每迭代 10 个 batch，对当前训练数据进行测试，输出当前预测准确率
    if i % 2 == 0:
        train_accuracy = accuracy.eval(feed_dict={x: batch_xs, y_: batch_ys})
        c.append(train_accuracy)
        print("step %d, training accuracy %g" % (i, train_accuracy))
        # 计算间隔时间
        end_time = time.time()
        print('time: ', (end_time - start_time))
        start_time = end_time
    # 训练数据
    train_step.run(feed_dict={x: batch_xs, y_: batch_ys})


sess.close()
plt.plot(c)
plt.tight_layout()
plt.savefig('cnn-tf-cifar10-1.png', dpi=200)
```

将其结果与程序 11-12 的结果进行比较，如图 11-20 所示。

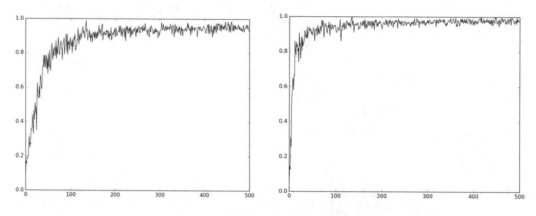

图 11-20   卷积核变化时准确率变化图

左边是程序 11-12 的准确率变化图，而右边是程序 11-13 的准确率变化图，可以看到，随着卷积核数目的增加，准确率上升的速度也非常快，而且相对于卷积核较少的图来说，此时的曲线波动也较少，即准确率在一个较小的范围内浮动，这是模型构建所需要的。

此时再换一个思路，如果将全连接层的数目增加一层，那么对准确率的影响会如何？

【程序 11-14】

```python
import tensorflow as tf
from tensorflow.examples.tutorials.mnist import input_data
import time
import matplotlib.pyplot as plt

def weight_variable(shape):
    initial = tf.truncated_normal(shape, stddev=0.1)
    return tf.Variable(initial)

#初始化单个卷积核上的偏置值
def bias_variable(shape):
    initial = tf.constant(0.1, shape=shape)
    return tf.Variable(initial)

#输入特征 x，用卷积核 W 进行卷积运算，strides 为卷积核移动步长
#padding 表示是否需要补齐边缘像素使输出图像大小不变
def conv2d(x, W):
    return tf.nn.conv2d(x, W, strides=[1, 1, 1, 1], padding='SAME')

#对 x 进行最大池化操作，ksize 进行池化的范围，
def max_pool_2x2(x):
    return tf.nn.max_pool(x, ksize=[1, 2, 2, 1],strides=[1, 2, 2, 1],
padding='SAME')

sess = tf.InteractiveSession()
```

```
# 声明输入图片数据、类别
x = tf.placeholder('float32', [None, 784])
y_ = tf.placeholder('float32', [None, 10])
# 输入图片数据转化
x_image = tf.reshape(x, [-1, 28, 28, 1])


W_conv1 = weight_variable([5, 5, 1, 32])
b_conv1 = bias_variable([32])
h_conv1 = tf.nn.relu(conv2d(x_image, W_conv1) + b_conv1)
h_pool1 = max_pool_2x2(h_conv1)


W_conv2 = weight_variable([5, 5, 32, 64])
b_conv2 = bias_variable([64])
h_conv2 = tf.nn.relu(conv2d(h_pool1, W_conv2) + b_conv2)
h_pool2 = max_pool_2x2(h_conv2)


W_fc1 = weight_variable([7*7*64,1024])
# 偏置值
b_fc1 = bias_variable([1024])
# 将卷积的产出展开
h_pool2_flat = tf.reshape(h_pool2, [-1, 7 * 7 * 64])
# 神经网络计算，并添加 relu 激活函数
h_fc1 = tf.nn.relu(tf.matmul(h_pool2_flat, W_fc1) + b_fc1)

W_fc2 = weight_variable([1024,128])
b_fc2 = bias_variable([128])
h_fc2 = tf.nn.relu(tf.matmul(h_fc1, W_fc2) + b_fc2)

W_fc3 = weight_variable([128,10])
b_fc3 = bias_variable([10])
y_conv = tf.nn.softmax(tf.matmul(h_fc2, W_fc3) + b_fc3)
# 代价函数
cross_entropy = -tf.reduce_sum(y_ * tf.log(y_conv))
# 使用 Adam 优化算法来调整参数
train_step = tf.train.GradientDescentOptimizer(1e-5).minimize(cross_entropy)

# 测试正确率
correct_prediction = tf.equal(tf.argmax(y_conv, 1), tf.argmax(y_, 1))
accuracy = tf.reduce_mean(tf.cast(correct_prediction, "float32"))

# 所有变量进行初始化
sess.run(tf.global_variables_initializer())
```

```
# 获取 mnist 数据
mnist_data_set = input_data.read_data_sets('MNIST_data', one_hot=True)
c = []

# 进行训练
start_time = time.time()
for i in range(1000):
    # 获取训练数据
    batch_xs, batch_ys = mnist_data_set.train.next_batch(200)

    # 每迭代 10 个 batch，对当前训练数据进行测试，输出当前预测准确率
    if i % 2 == 0:
        train_accuracy = accuracy.eval(feed_dict={x: batch_xs, y_: batch_ys})
        c.append(train_accuracy)
        print("step %d, training accuracy %g" % (i, train_accuracy))
        # 计算间隔时间
        end_time = time.time()
        print('time: ', (end_time - start_time))
        start_time = end_time
    # 训练数据
    train_step.run(feed_dict={x: batch_xs, y_: batch_ys})

sess.close()
plt.plot(c)
plt.tight_layout()
plt.savefig('cnn-tf-cifar10-11.png', dpi=200)
```

程序 11-14 中增加了一个全连接层，即在原有的全连接 1024 个神经元参数之后又新加入一个 128 数目的神经元隐藏层，可以看到结果如图 11-21 所示。

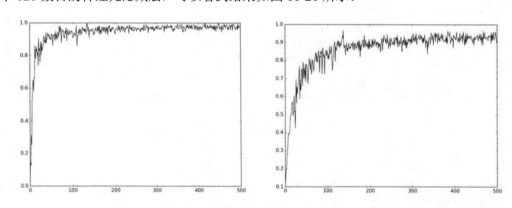

图 11-21　全连接层变化时准确率变化图

此时可以看到，增多了全连接层的个数，反而使得准确率上升缓慢，并且准确率的波动幅度也变得更大，因此可以说这个增加相对于原有模型来说是失败的。

还有一种变化的方法就是修改卷积层和池化层的数目，这一点请读者自行完成并验证。

11.4　本章小结

本章主要介绍了卷积神经网络的基本结构和模型的搭建。首先介绍了其中最重要的 2 个基本理念——卷积和池化。在卷积和池化中主要介绍了这 2 个理论的基本原理和实现方法，并使用 Python 对其进行了程序设计以及使用 TensorFlow 自带的函数对其进行处理。TensorFlow 自带的卷积和池化函数，在卷积神经网络中使用得非常频繁。

LeNet 结构是最经典的卷积神经网络结构，我们使用这个模型创建了第一个 TensorFlow 程序。从结果上来看，这个最经典的模型可以达到 99% 的识别率，这是非常好的结果。

为了给卷积神经网络的应用打下基础，这里对卷积神经网络的参数做了多次修改，从修改后的结果上来看，卷积神经网络在模型被设计出来以后，更多要做的工作是参数的调整（调参），这些都是在后面的学习中需要掌握的内容。

本章主要介绍这些基本内容，但是没有涉及卷积计算和池化计算的推导，这个也是非常重要的内容。在下一章中作者将对它们进行公式演示和推导，由于推导过程过于复杂，这里不要求读者掌握，仅供感兴趣的读者参考。

第 12 章

卷积神经网络公式的推导与应用

前一章对卷积的基础概念和理论做了一个介绍，主要通过讲解和图示的形式对其做出说明，并使用 Python 语言和 TensorFlow 框架实现了卷积和池化的运算。但是在卷积神经网络中，卷积和池化的运用仅仅是卷积神经网络前向传播的一个方面，它与反馈神经网络一样，对于其中权重的更新才是真正的重点。

在本章中，我们将首先复习在反馈神经网络中的 BP 算法，之后使用数学方法推导卷积神经网络中的卷积层权重更新的方法，这也是卷积神经网络最为核心的内容。

本章将使用大量的数学公式，仅供有基础、有能力以及有意愿的读者学习，其他读者可以直接略过本章内容，并不影响对后续内容的学习。

12.1 反馈神经网络算法

一个典型的卷积神经网络，如前面使用的 LeNet 函数所看到的，开始阶段都是卷积层以及池化层的相互交替使用，之后采用全连接层将卷积和池化后的结果特征全部提取出来，进行概率计算处理。

在具体的误差反馈和权重更新的处理上，不论是全连接层的更新还是卷积层的更新，使用的都是经典的反馈神经网络算法，这种方法将原本较为复杂的、要考虑长期的链式法则转化为只需要考虑前后节点输入和输出误差对权重的影响，使得当神经网络深度加大时能够利用计算机计算，以及卷积核在计算过程中产生非常多的数据计算。

为了强调重要性，作者在这里引入一个参数 δ_k，称为敏感度。敏感度的定义是，当前输出层的误差对该层的输入的偏导数。请读者一定牢记这个参数名和定义。

12.1.1 经典反馈神经网络正向与反向传播公式推导

前面已经说到，经典的反馈神经网络主要包括 3 个部分：数据的前向计算、误差的反向传播以及权重的更新，其具体使用说明如下。

1. 前向传播算法

对于前向传播的值传递，隐藏层输出值定义如下：

$$a_h^{HI} = W_h^{HI} \times X_i$$
$$b_h^{HI} = f(a_h^{HI})$$

其中 X_i 是当前节点的输入值，W_h^{HI} 是连接到此节点的权重，a_h^{HI} 是输出值。f 是当前阶段的激活函数，b_h^{HI} 为当年节点的输入值经过计算后被激活的值。

对于输出层，定义如下：

$$a_k = \sum W_{hk} \times b_h^{HI}$$

其中 W_{hk} 为输入的权重，b_h^{HI} 为输入到输出节点的输入值。这里对所有输入值进行权重计算后求得和值，作为神经网络的最后输出值 a_k。

2. 反向传播算法

与前向传播类似，首先定义两个值 δ_k 与 δ_h^{HI}：

$$\delta_k = \frac{\partial L}{\partial a_k} = (Y - T)$$

$$\delta_h^{HI} = \frac{\partial L}{\partial a_h^{HI}}$$

其中 δ_k 为输出层的误差项，其计算值为真实值与模型计算值之间的差值。Y 是计算值，T 是输出真实值。δ_h^{HI} 为输出层的误差。

> 对于 δ_k 与 δ_h^{HI} 来说，无论定义在哪个位置，都可以看作当前的输出值对输入值的梯度计算。

从前面的分析可以看到，所谓的神经网络反馈算法，就是逐层地将最终误差进行分解，即每一层只与下一层打交道（如图 12-1 所示）。有鉴于此，可以假设每一层均为输出层的前一个层级，通过计算前一个层级与输出层的误差得到权重的更新。

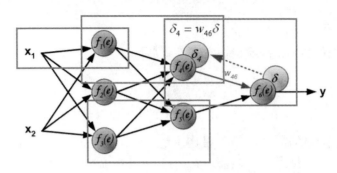

图 12-1　权重的逐层反向传导

因此反馈神经网络计算公式定义为：

$$\delta_h^{Hl} = \frac{\partial L}{\partial a_h^{Hl}}$$

$$= \frac{\partial L}{\partial b_h^{Hl}} \times \frac{\partial b_h^{Hl}}{\partial a_h^{Hl}}$$

$$= \frac{\partial L}{\partial b_h^{Hl}} \times f\,'(a_h^{Hl})$$

$$= \frac{\partial L}{\partial a_k} \times \frac{\partial a_k}{\partial b_h^{Hl}} \times f\,'(a_h^{Hl})$$

$$= \delta_k \times \sum W_{hk} \times f\,'(a_h^{Hl})$$

$$= \sum W_{hk} \times \delta_k \times f\,'(a_h^{Hl})$$

即当前层输出值对误差的梯度可以通过下一层的误差与权重和输入值的梯度乘积获得。

公式 $\sum W_{hk} \times \delta_k \times f\,'(a_h^{Hl})$ 中 δ_k 若为输出层，则可以通过 $\delta_k = \dfrac{\partial L}{\partial a_k} = (Y - T)$ 求得；而

δ_k 为非输出层时，则可以使用逐层反馈的方式求得 δ_k 的值。

　　这里千万要注意，对于 δ_k 与 δ_h^{Hl} 来说，其计算结果都是当前的输出值对输入值的梯度计
算，是权重更新过程中一个非常重要的数据计算内容。

或者换一种表述形式将上面公式表示为：

$$\delta^l = \sum W_{ij}^l \times \delta_j^{l+1} \times f\,'(a_i^l)$$

可以看到，通过更为泛化的公式，把当前层的输出对输入的梯度计算转化成求下一个层
级的梯度计算值。

3. 权重的更新

反馈神经网络计算的目的是对权重的更新，因此与梯度下降算法类似，其更新可以仿照梯度下降对权值的更新公式：

$$\theta = \theta - \alpha(f(\theta) - y_i)\mathrm{x}_i$$

即：

$$W_{ji} = W_{ji} + \alpha \times \delta_j^l \times \mathrm{x}_{ji}$$

$$b_{ji} = b_{ji} + \alpha \times \delta_j^l$$

其中 ji 表示为反向传播时对应的节点系数，通过对 δ_j^l 的计算，就可以更新对应的权重值。

12.1.2　卷积神经网络正向与反向传播公式推导

前面已经说到，经典的反馈神经网络主要包括 3 个部分，数据的前向计算、误差的反向传播以及权重的更新，过程如图 12-2 所示。

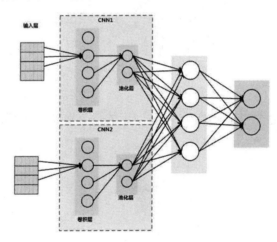

图 12-2　权重的逐层反向传导

可以看到每个层 1（假设是卷积或者池化层的一种）都会接一个下采样层 1+1。对于反馈神经网络来说，要想求得层 1 的每个神经元对应的权值更新，就需要先求层 1 的每一个神经节点的灵敏度 δ_k。但是简单来看，这里总体只有以下几个权重以及数值需要在传递的过程中进行计算，即：

- 输入层-卷积层
- 卷积层-池化层
- 池化层-全连接层
- 全连接层-输出层

这是正向的计算。当权重更新时，需要对其进行反向更新，即更新如下：

- 输出层-全连接层
- 全连接层-池化层
- 池化层-卷积层
- 卷积层-输入层

相对于反馈神经网络，卷积神经网络在整个模型的构成上是分解成若干个小的步骤进行，因此对其进行求导更新计算最好的方法也是逐步对其进行计算。

首先需要设定的是损失函数，在前面的例子中，由于采用的是 one-hot 方法，因此在对输出层进行误差计算时采用的是交叉熵的函数，公式如下：

$$Loss = -y \log(f(x))$$

这个是最基本的，下面开始将依次由输出到输入分阶段解读权重更新的方法与公式。

1. 输出层反馈到全连接层的反向求导

首先对于输出层来说，损失函数是由上面的交叉熵函数作为计算。由于 one-hot 方法大多数的值为 0，而仅仅有 1 个值为 1，首先求得的交叉熵为：

$$
\begin{aligned}
Loss(f(x), y) &= -\sum y \log(f(x)) \\
&= -(0 \times \log(f(x_1) + 0 \times \log(f(x_2)\ldots \\
&\quad +1 \times \log(f(x_{n-1}) + 0 \times \log(f(x_n)) \\
&= -\log(f(x_n))
\end{aligned}
$$

即对于大多数的 0 值乘以任何数都为 0，留下的是值为 1 与所计算的那个真实值对应的乘积，如图 12-3 所示。

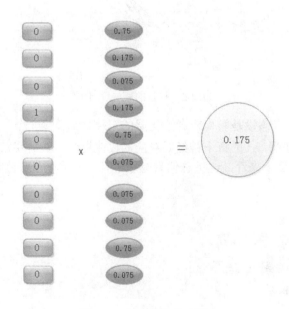

图 12-3　损失函数的计算

使用此种规则可以得到此时的损失值为：

$$Loss = -(y - \log(f(x))$$

其中 y 为真实的样本等于 1 的那个值，$\log(f(x))$ 为模型计算出的交叉熵的值，其差值为所求得误差额度。简化一下，由于 y 在 one-hot 中始终为 1，而为 0 的值不参与计算，因此可以得到：

$$Loss = -(1 - \log(f(x))$$

由上述公式可以知道，如果最终的输出层采用的是 softmax，那么对于结果会采用交叉熵的形式去计算损失函数，最后一层的误差敏感度就是卷积神经网络模型输出值与真实值之间的差值。

那么根据损失函数对权值的偏导数，可以求得在全连接层权重更新的计算公式为：

$$\frac{\partial Loss}{\partial W} = -\frac{1}{m} * (1 - f(x)) \times f(x)' + \lambda W$$

其中 $f(x)$ 是激活函数，W 为 l-1 层到 l 层之间的权重。

输出层的偏置倒数为：

$$\frac{\partial Loss}{\partial b} = -\frac{1}{m} * (1 - f(x))$$

这里的计算方法和经典的反馈神经网络相类似，就不做过多的解释了。

2. 当池化层反馈到卷积层的反向求导

从正向来看，假设 l（为小写的 L）层为卷积层，而 l+1 层为池化层，如图 12-4 所示。

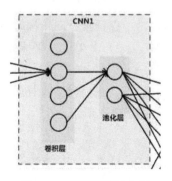

图 12-4　卷积层到池化层

此时假设：

池化层的敏感度为：δ_j^{l+1}

卷积层的敏感度为：δ_j^{l}

则两者的关系可以近似地表达为：

$$\delta_j^l = pool(\delta_j^{l+1}) * h(a_j^l)'$$

这里的*表示的是均值的点对点乘，即对应位置元素的乘积。

对于池化层 l+1 中的每个节点元素是由卷积层 l 中多个节点共同计算得到，因此 l+1 层的敏感度也是由 l 层中的敏感度共同产生的。

假设卷积层 l 的大小为 4×4，使用的池化区域大小为 2×2，经过计算得到的池化层的大小为 2×2，如果此时池化层的敏感度误差为：

如果按照此时是 mean-pooling 方法进行反馈运算，那么首先需要将 l+1 池化层扩展到 l 层大小，即卷积层的 4×4 大小，并且使其值为等值分布，如图 12-5 所示。

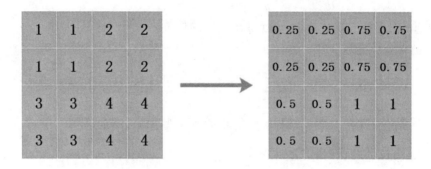

图 12-5　池化层敏感度的均值化

同时对于 mean-pooling 方法，为了保证在反向传播时各层之间的误差总和不变，因此在扩展 l+1 池化层之外，还需要对池化层中每个值进行平摊处理。最后的结果如图 12-5 的右侧所示。

如果 l+1 池化层是 max-pooling，那么在前向计算时就需要记录相对应的最大值位置，这里假设之后的池化层最大值位置，如图 12-6 所示。

1	0	0	2
0	0	0	0
0	3	0	0
0	0	4	0

图 12-6　max-pooling 池化层的反馈

3. 当卷积层反馈到池化层的反向求导

当 1 层为池化层，而 1+1 层为卷积层时，如图 12-7 所示。

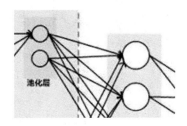

图 12-7　卷积层反馈到池化层的反向求导

假设第 1 层池化层有 n 个通道，即有 n 张特征图（[width,height,n]）。而 1+1 卷积层中有 m 个特征值。此时，如果 1 层池化层中每个通道都有其对应的敏感度误差，那么其计算依据为 1+1 层卷积层中所有卷积核元素的敏感度之和公式为：

$$\delta_j^l = \sum\nolimits_j^m (\delta_j^{l+1}) \otimes K_{ij}$$

其中 $\otimes$ 是矩阵的卷积操作，但是不同于卷积层前向传播时的相关度计算。求 1 层池化层对 1+1 层的敏感度是全卷积操作。

使用一个简单的例子进行说明，第 1 层池化层某 3×3 大小的通道图，如果第 1+1 卷积层有 2 个卷积核，核大小为 2×2，那么在前向传播结束后会生成 2 个大小为 2×2 的卷积图。

图 12-8 是池化层反馈到卷积层的反向求导，需要注意的是图中的卷积层中的数据并不是卷积计算的结果，而是卷积层的敏感度。

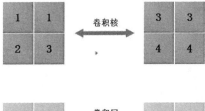

图 12-8　池化层反馈到卷积层的反向求导

可以将卷积层中的数据视为输入数据进行计算。

之后开始进行重新卷积计算，这里计算方法就是先将卷积层敏感度 padding 后，采用 full 模式重新扩充为 4×4 大小，如图 12-9 所示。

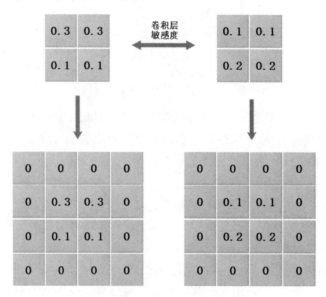

图 12-9　卷积核敏感度的 padding 操作

之后根据扩充后的 l+1 层卷积层敏感度和对应的卷积核重新计算 1 层池化层的敏感度，如图 12-10 所示。

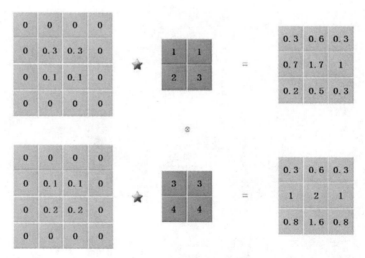

图 12-10　重新计算的敏感度

图 12-10 中需要注意的是，这里是星乘卷积的计算，即要把卷积核翻转 180 度与 padding 后的池化层进行卷积计算。

最后是 1 层池化层敏感度的计算，即前面公式的最终结果：

$$\delta_j^l = \sum_j^m (\delta_j^{l+1}) \otimes K_{ij}$$

用图形表示如图 12-11 所示。

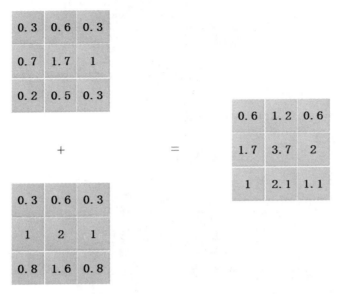

图 12-11　最终池化层敏感度的计算

这样即求得了卷积层 l+1 反馈到池化层 l 层的敏感度。

从本质上来说，这里还是反馈神经网络的计算，即：

$$\delta_j^l = \sum_j^m (\delta_j^{l+1}) \otimes K_{ij}$$

l 层的敏感度等于第 l+1 层的敏感度乘以两者之间的权重再求和。只不过这里的权值被改为卷积核，且在计算过程中有大量重叠。

4. 通过计算得到的敏感度更新卷积神经网络中的权重

前面已经计算了在卷积神经网络中所有出现的层中的敏感度，对于卷积神经网络来说，其中特殊的也就是卷积层和池化层的权重更新比较难以计算，而这些层的计算可以通过权重所连接的前后节点的敏感度计算得到。因此，最后一步就是通过敏感度对权重进行更新。

由前面的反向反馈网络可以知道，对于任何一个神经网络都可以通过 l 层和第 l+1 层的输入值和敏感度求得其权值和偏置的偏导数。

$$\frac{\partial Loss}{\partial W_{ij}} = x_i \, \square \, \delta_j^{i+1}$$

$$\frac{\partial Loss}{\partial b_{ij}} = \sum (\delta_j^{i+1})$$

其中的 □ 表示的是矩阵相乘之间的操作。

举例来说，对于已有的 l 层输入数据值为：

1	2	1	1
1	1	2	2
2	2	2	1
3	1	1	1

而与其相连的 l+1 层敏感度为 3×3 矩阵：

0.3	0.6	0.3
1	2	1
0.8	1.6	0.8

通过输入值与敏感度乘积的计算可以得到：

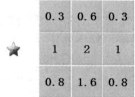 

权值的更新是使用了：

$$\frac{\partial Loss}{\partial W_{ij}} = x_i \square \delta_j^{i+1`}$$

此时需要注意的是：在卷积运算的过程中，3×3 的敏感度是先翻转之后再进行卷积计算。

对于偏置值的计算：

$$\frac{\partial Loss}{\partial b_{ij}} = \sum (\delta_j^{i+1`})$$

根据公式可以知道，偏置值的倒数为 l+1 层敏感度之和，即为：

$$\frac{\partial Loss}{\partial b_{ij}} = \sum (\delta_j^{i+1`})$$
$$= 0.3 + 0.6 + 0.3 + 1 + 2 + 1 + 0.8 + 1.6 + 0.8$$
$$= 8.4$$

12.2 使用卷积神经网络分辨 CIFAR-10 数据集

在前面的介绍中，使用卷积神经网络对 MNIST 数据集做了一个介绍。MNIST 数据集是手写数字的识别库，使用卷积神经网络对其进行分辨和处理是一种很好的商业应用。

然而 MNIST 仅限于对手写数字的识别，而且手写数字相对于自然物体和图片非常简单，也缺少相应的噪声和变换。

本节将使用卷积神经网络对 CIFAR-10 数据集进行验证，同时会比较不同参数作用下，卷积神经网络对准确率产生的影响。

12.2.1 CIFAR-10 数据集下载与介绍

CIFAR-10 是由神经网络的先驱和大师 Hinton 的两名学生 Alex Krizhevsky 和 Ilya Sutskever 整理的一个基于现实物体，通过所拍摄的照片进行物体识别的数据集。这个数据集项目是为了推广和加速深度学习应用所创建的。目前这个项目在加拿大政府和 Cifar 研究所的资金支持以及号召下集结了不少计算机科学家、生物学家、电气工程师、神经科学家、物理学家、心理学家，加速推动了深度学习的应用进程。

CIFAR-10 的官网链接为 http://www.cs.toronto.edu/~kriz/cifar.html，页面如图 12-12 所示。

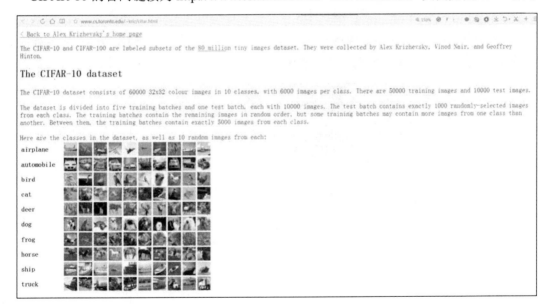

图 12-12　The CIFAR-10 网站

从网站首页可以看到，这里提供了 10 个分类的现实物体的照片（如图 12-13 所示），与前面所讲的成熟的人工手写识别相比，现实物体识别挑战巨大，而且图片数据中含有大量特征与噪声，识别物体比例不一，也加大了识别的难度，使其非常具有挑战性。

图 12-13　The CIFAR-10 数据分类

本小节将要使用的 CIFAR-10 版本如图 12-14 所示。

```
If you're going to use this dataset, please cite the tech report at the bottom of this page.
Version                                          Size      md5sum
CIFAR-10 python version                          163 MB    c58f30108f718f92721af3b95e74349a
CIFAR-10 Matlab version                          175 MB    70270af85842c9e89bb428ec9976c926
CIFAR-10 binary version (suitable for C programs) 162 MB   c32a1d4ab5d03f1284b67883e8d87530
```

图 12-14　The CIFAR-10 下载版本

在本例中将使用 TensorFlow 提供的数据打开方式去读取数据集，因此建议读者下载适用于 C 语言版本的数据集，打开后如图 12-15 所示。

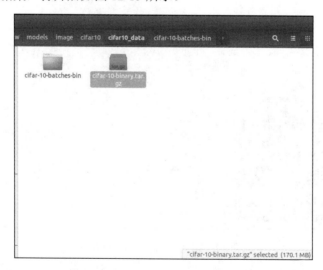

图 12-15　The CIFAR-10 下载的数据包

直接下载的数据包如图 12-15 所示，之后将其使用 winrar 再一次打开，得到数据集如图 12-16 所示。

最终建立的数据文件夹的层次如图 12-17 所示。

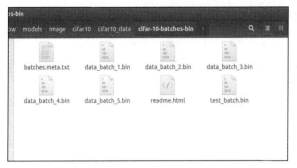

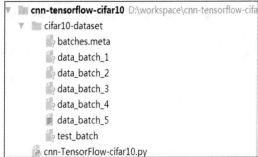

图 12-16　打开 CIFAR-10 的数据包　　　　图 12-17　CIFAR-10 数据包存放层次

如图 12-17 所示，将 CIFAR-10 的数据包放在独立的文件夹下，便于所写的程序进行读写操作。

12.2.2　CIFAR-10 模型的构建与数据处理

首先是关于模型的设计，根据上一章中对 MNIST 模型进行设计并参考已取得较好效果的模型，可以设计的模型如图 12-18 所示。

图 12-18　CIFAR-10 数据模型图示

在这个模型中，首先是数据集之后接 2 个卷积层作为特征提取的通道，卷积层包含池化层与区域归一层，加入这些层的目的是为了能够在特征提取时，保证提取出能够充分反映出图形质量的数据。最后跟随的 2 个全连接层起到一个"分类器"的作用，将所提取的特征映射到相应的空间。

此外还有一些细节我们在模型使用时会详细介绍。

219

图 12-19 所示的是网页中对 CIFAR-10 数据集的数据结构介绍。

Loaded in this way, each of the batch files contains a dictionary with the following elements:

- **data** -- a 10000x3072 numpy array of uint8s. Each row of the array stores a 32x32 colour image. The first 1024 entries contain the red channel values, the next 1024 the green, and the final 1024 the blue. The image is stored in row-major order, so that the first 32 entries of the array are the red channel values of the first row of the image.
- **labels** -- a list of 10000 numbers in the range 0-9. The number at index *i* indicates the label of the *i*th image in the array **data**.

图 12-19　CIFAR-10 数据结构

可以看到，数据集中的数据分成两部分。第一部分是特征部分，使用一个[10000,3072]的 uint8 的矩阵进行存储，每一行向量都是一幅 3×3 大小的 3 通道图片，构成的格式如[3,3,3]。

第二部分是标签部分，使用的是一个 10000 数据的 list 进行存储，每个 list 对应于是 0~9 中的一个数字，对应一个物品分类，如图 12-20 所示。另外，对于 Python 读取的数据集，还有一个标签称为"label_names"，例如 label_names[0] == "airplane"、label_names[1] == "automobile"等。

	0	1	2	...	...	3072
0	1	2	2	...	...	1
1	2	2	2	...	...	2
2	1	1	2	...	...	1
...	...	...	...	...	...	...
...	...	...	...	...	...	...
9	1	2	1	...	...	1

图 12-20　CIFAR-10 数据的矩阵存储

对于具体的数据读取方法，CIFAR-10 网页也提供了相应的代码：

```python
def unpickle(file):
    import pickle
    with open(file, 'rb') as fo:
        dict = pickle.load(fo, encoding='bytes')
    return dict
```

首先打开存储的文件夹，之后使用 pickle 的 load 函数从数据中载入文件，这里返回的是一个字典，Python 中字典是包含 key 与 value 的数据格式，因此可以知道，这里 dict 就是包含 data 与 labels 的数据字典。

此外，返回的 labels 是一个包含 0~9 数字的 list 列表。

```
[0,2,1,2,3,4,6,7,5,9,8......6,3,1]
```

在前面的代码中，所需的 labels 采用 one-hot 方法，采用稀疏性列表法，即 10 个列表数字中只有对应的那个值为 1，其他为 0，因此需要将提供的 list 格式转换成对应的 one-hot 矩阵。代码如下：

```
def onehot(labels):
    '''one-hot 编码'''
    n_sample = len(labels)
    n_class = max(labels) + 1
    onehot_labels = np.zeros((n_sample, n_class))
    onehot_labels[np.arange(n_sample), labels] = 1
    return onehot_labels
```

需要说明的是，在上面的代码中：

```
onehot_labels[np.arange(n_sample), labels] = 1
```

这里使用的 Python 特有的迭代方法，在生成的矩阵中使用 np.arrange 方法将数据迭代到当前的列表中，并将列表值赋予 1。

下面是整体数据的读取，由于下载后解压缩的数据文件是以 batch 分布存储的，因此需要将其进行读取和链接，代码如下：

```
# 训练数据集
data1 = unpickle('cifar10-dataset/data_batch_1')
data2 = unpickle('cifar10-dataset/data_batch_2')
data3 = unpickle('cifar10-dataset/data_batch_3')
data4 = unpickle('cifar10-dataset/data_batch_4')
data5 = unpickle('cifar10-dataset/data_batch_5')
X_train = np.concatenate((data1['data'], data2['data'], data3['data'],
data4['data'], data5['data']), axis=0)
y_train = np.concatenate((data1['labels'], data2['labels'], data3['labels'],
data4['labels'], data5['labels']), axis=0)
y_train = onehot(y_train)
# 测试数据集
test = unpickle('cifar10-dataset/test_batch')
X_test = test['data'][:5000, :]
y_test = onehot(test['labels'])[:5000, :]

print('Training dataset shape:', X_train.shape)
print('Training labels shape:', y_train.shape)
print('Testing dataset shape:', X_test.shape)
print('Testing labels shape:', y_test.shape)
```

这里使用 unpick 函数依次读取了 5 个 batch 中的数据，生成的是 5 个 dict 格式文件，其中的数据是以 [data,labels] 格式存放的，之后链接对应的 5 个特征数据和标签数据生成最终的训练集。这里，测试机采用前 5000 个数据作为测试集进行计算。

下面是关于参数的设置，由于在模型建立的时候，对所包含的参数已经做了设定，因此在此次程序编写时将其设定的值以常数的形式进行固定，这样做的好处是便于在后期进行修改，代码如下：

```
# 模型参数
learning_rate = 1e-3
training_iters = 200
batch_size = 50
display_step = 5
n_features = 3072  # 32*32*3
n_classes = 10
n_fc1 = 384
n_fc2 = 192
```

可以看到，n_features 被设定成 3072，这个结果是：

```
3072 = 32 x 32 x 3
```

因为每个图片大小为 32×32 构成，包含 3 个通道，因此最终的特征值大小为 3072。

下面是对数据输入和最终结果的占位符的设定：

```
# 构建模型
x = tf.placeholder(tf.float32, [None, n_features])
y = tf.placeholder(tf.float32, [None, n_classes])
```

这里设定的矩阵，第一个是 None 代表对输入的行数不确定，这样写的好处是可以自由设定输入数据行数，便于批量输入数据或者逐个输入数据。

下面是卷积层的确定，同样对于已经确定的模型来说，这里只需要设定每层模型的参数。为了统一管理，参数设置的方法采用字典的方式，即每个 key 对应于一个 value 进行处理。

```
W_conv = {
    'conv1': tf.Variable(tf.truncated_normal([5, 5, 3, 32], stddev=0.0001)),
    'conv2': tf.Variable(tf.truncated_normal([5, 5, 32, 64],stddev=0.01)),
    'fc1': tf.Variable(tf.truncated_normal([8*8*64, n_fc1], stddev=0.1)),
    'fc2': tf.Variable(tf.truncated_normal([n_fc1, n_fc2], stddev=0.1)),
    'fc3': tf.Variable(tf.truncated_normal([n_fc2, n_classes], stddev=0.1))
}
b_conv = {
    'conv1': tf.Variable(tf.constant(0.0, dtype=tf.float32, shape=[32])),
    'conv2': tf.Variable(tf.constant(0.1, dtype=tf.float32, shape=[64])),
    'fc1': tf.Variable(tf.constant(0.1, dtype=tf.float32, shape=[n_fc1])),
    'fc2': tf.Variable(tf.constant(0.1, dtype=tf.float32, shape=[n_fc2])),
    'fc3': tf.Variable(tf.constant(0.0, dtype=tf.float32, shape=[n_classes]))
}
```

前面已经说过，对于数据的重构，需要将其按要求的格式进行重构，代码如下：

```
x_image = tf.reshape(x, [-1, 32, 32, 3])
```

这里是对输入的图像进行了重构，将其转化为需要的格式。下面就是卷积层的编写，可以看到，使用的是 TensorFlow 提供的卷积函数和池化函数。代码如下：

```
# 卷积层 1
conv1 = tf.nn.conv2d(x_image, W_conv['conv1'], strides=[1, 1, 1, 1],
padding='SAME')
conv1 = tf.nn.bias_add(conv1, b_conv['conv1'])
conv1 = tf.nn.relu(conv1)
# 池化层 1
pool1 = tf.nn.avg_pool(conv1, ksize=[1, 3, 3, 1], strides=[1, 2, 2, 1],
padding='SAME')
# LRN 层, Local Response Normalization
norm1 = tf.nn.lrn(pool1, 4, bias=1.0, alpha=0.001/9.0, beta=0.75)
# 卷积层 2
conv2 = tf.nn.conv2d(norm1, W_conv['conv2'], strides=[1, 1, 1, 1],
padding='SAME')
conv2 = tf.nn.bias_add(conv2, b_conv['conv2'])
conv2 = tf.nn.relu(conv2)
# LRN 层, Local Response Normalization
norm2 = tf.nn.lrn(conv2, 4, bias=1.0, alpha=0.001/9.0, beta=0.75)
# 池化层 2
pool2 = tf.nn.avg_pool(norm2, ksize=[1, 3, 3, 1], strides=[1, 2, 2, 1],
padding='SAME')
reshape = tf.reshape(pool2, [-1, 8*8*64])
```

上面代码根据模型建立多个卷积层和池化层。值得注意的是，这里使用了一个新的概念称为 LRN 层。LRN 是局部响应归一化层的意思，它的作用是完成一种"临近抑制"操作，对局部输入区域进行归一化，是全部输入值都除以一个基础系数再计算出来的均值。

 LRN 在早期的深度学习中有比较重要的影响，但是随着 Batch Normalization 算法的提出，LRN 的作用已经大大不如以前了，这里仅供了解。

模型中使用了 2 个卷积层和 2 个池化层，卷积层中使用 SAME 格式，即输出的图像数据矩阵与输入一样大小。

```
fc1 = tf.add(tf.matmul(reshape, W_conv['fc1']), b_conv['fc1'])
fc1 = tf.nn.relu(fc1)
# 全连接层 2
fc2 = tf.add(tf.matmul(fc1, W_conv['fc2']), b_conv['fc2'])
fc2 = tf.nn.relu(fc2)
# 全连接层 3, 即分类层
fc3 = tf.nn.softmax(tf.add(tf.matmul(fc2, W_conv['fc3']), b_conv['fc3']))
```

最后是损失函数的确定，这里采用的是交叉熵函数作为损失函数，而评估模型使用的是对比计算的方法，在前面章节已经介绍过。

```
# 定义损失
loss = tf.reduce_mean(tf.nn.softmax_cross_entropy_with_logits(fc3, y))
optimizer =
tf.train.GradientDescentOptimizer(learning_rate=learning_rate).minimize(loss)
# 评估模型
correct_pred = tf.equal(tf.argmax(fc3, 1), tf.argmax(y, 1))
accuracy = tf.reduce_mean(tf.cast(correct_pred, tf.float32))
```

最后是模型的训练部分，采用的是批量梯队下降算法，根据给定的数目批量生成数据结果。

```
with tf.Session() as sess:
    sess.run(init)
    c = []
    total_batch = int(X_train.shape[0] / batch_size)
#    for i in range(training_iters):
    start_time = time.time()
    for i in range(200):
        for batch in range(total_batch):
            batch_x = X_train[batch*batch_size : (batch+1)*batch_size, :]
            batch_y = y_train[batch*batch_size : (batch+1)*batch_size, :]
            sess.run(optimizer, feed_dict={x: batch_x, y: batch_y})
        acc = sess.run(accuracy, feed_dict={x: batch_x, y: batch_y})
        print(acc)
        c.append(acc)
        end_time = time.time()
        print('time: ', (end_time - start_time))
        start_time = end_time
        print("---------------%d onpech is finished--------------------",i)
    print("Optimization Finished!")
```

可以看到，这里使用的方法是将整体数据集的个数与预先设定的批量大小相除，得到的结果作为批处理的数目进行训练。

最终模型代码如程序 12-1 所示。

【程序 12-1】

```
# coding: utf-8

import tensorflow as tf
import numpy as np
import matplotlib.pyplot as plt
import _pickle as pickle
```

```python
import time

def unpickle(filename):
    with open(filename, 'rb') as f:
        d = pickle.load(f, encoding='latin1')
        return d

def onehot(labels):
    '''one-hot 编码'''
    n_sample = len(labels)
    n_class = max(labels) + 1
    onehot_labels = np.zeros((n_sample, n_class))
    onehot_labels[np.arange(n_sample), labels] = 1
    return onehot_labels

# 训练数据集
data1 = unpickle('cifar10-dataset/data_batch_1')
data2 = unpickle('cifar10-dataset/data_batch_2')
data3 = unpickle('cifar10-dataset/data_batch_3')
data4 = unpickle('cifar10-dataset/data_batch_4')
data5 = unpickle('cifar10-dataset/data_batch_5')
X_train = np.concatenate((data1['data'], data2['data'], data3['data'],
data4['data'], data5['data']), axis=0)
y_train = np.concatenate((data1['labels'], data2['labels'], data3['labels'],
data4['labels'], data5['labels']), axis=0)
y_train = onehot(y_train)
# 测试数据集
test = unpickle('cifar10-dataset/test_batch')
X_test = test['data'][:5000, :]
y_test = onehot(test['labels'])[:5000, :]

print('Training dataset shape:', X_train.shape)
print('Training labels shape:', y_train.shape)
print('Testing dataset shape:', X_test.shape)
print('Testing labels shape:', y_test.shape)

with tf.device('/cpu:0'):

    # 模型参数
    learning_rate = 1e-3
    training_iters = 200
    batch_size = 50
    display_step = 5
```

```
    n_features = 3072  # 32*32*3
    n_classes = 10
    n_fc1 = 384
    n_fc2 = 192

    # 构建模型
    x = tf.placeholder(tf.float32, [None, n_features])
    y = tf.placeholder(tf.float32, [None, n_classes])

    W_conv = {
        'conv1': tf.Variable(tf.truncated_normal([5, 5, 3, 32],
stddev=0.0001)),
        'conv2': tf.Variable(tf.truncated_normal([5, 5, 32, 64],stddev=0.01)),
        'fc1': tf.Variable(tf.truncated_normal([8*8*64, n_fc1], stddev=0.1)),
        'fc2': tf.Variable(tf.truncated_normal([n_fc1, n_fc2], stddev=0.1)),
        'fc3': tf.Variable(tf.truncated_normal([n_fc2, n_classes],
stddev=0.1))
    }
    b_conv = {
        'conv1': tf.Variable(tf.constant(0.0, dtype=tf.float32, shape=[32])),
        'conv2': tf.Variable(tf.constant(0.1, dtype=tf.float32, shape=[64])),
        'fc1': tf.Variable(tf.constant(0.1, dtype=tf.float32, shape=[n_fc1])),
        'fc2': tf.Variable(tf.constant(0.1, dtype=tf.float32, shape=[n_fc2])),
        'fc3': tf.Variable(tf.constant(0.0, dtype=tf.float32,
shape=[n_classes]))
    }

    x_image = tf.reshape(x, [-1, 32, 32, 3])
    # 卷积层 1
    conv1 = tf.nn.conv2d(x_image, W_conv['conv1'], strides=[1, 1, 1, 1],
padding='SAME')
    conv1 = tf.nn.bias_add(conv1, b_conv['conv1'])
    conv1 = tf.nn.relu(conv1)
    # 池化层 1
    pool1 = tf.nn.avg_pool(conv1, ksize=[1, 3, 3, 1], strides=[1, 2, 2, 1],
padding='SAME')
    # LRN 层，Local Response Normalization
    norm1 = tf.nn.lrn(pool1, 4, bias=1.0, alpha=0.001/9.0, beta=0.75)
    # 卷积层 2
    conv2 = tf.nn.conv2d(norm1, W_conv['conv2'], strides=[1, 1, 1, 1],
padding='SAME')
    conv2 = tf.nn.bias_add(conv2, b_conv['conv2'])
    conv2 = tf.nn.relu(conv2)
```

```
    # LRN 层，Local Response Normalization
    norm2 = tf.nn.lrn(conv2, 4, bias=1.0, alpha=0.001/9.0, beta=0.75)
    # 池化层 2
    pool2 = tf.nn.avg_pool(norm2, ksize=[1, 3, 3, 1], strides=[1, 2, 2, 1],
padding='SAME')
    reshape = tf.reshape(pool2, [-1, 8*8*64])

    fc1 = tf.add(tf.matmul(reshape, W_conv['fc1']), b_conv['fc1'])
    fc1 = tf.nn.relu(fc1)
    # 全连接层 2
    fc2 = tf.add(tf.matmul(fc1, W_conv['fc2']), b_conv['fc2'])
    fc2 = tf.nn.relu(fc2)
    # 全连接层 3，即分类层
    fc3 = tf.nn.softmax(tf.add(tf.matmul(fc2, W_conv['fc3']), b_conv['fc3']))

    # 定义损失
    loss = tf.reduce_mean(tf.nn.softmax_cross_entropy_with_logits(fc3, y))
    optimizer =
tf.train.GradientDescentOptimizer(learning_rate=learning_rate).minimize(loss)
    # 评估模型
    correct_pred = tf.equal(tf.argmax(fc3, 1), tf.argmax(y, 1))
    accuracy = tf.reduce_mean(tf.cast(correct_pred, tf.float32))

    init = tf.global_variables_initializer()

with tf.Session() as sess:
    sess.run(init)
    c = []
    total_batch = int(X_train.shape[0] / batch_size)
#    for i in range(training_iters):
    start_time = time.time()
    for i in range(200):
        for batch in range(total_batch):
            batch_x = X_train[batch*batch_size : (batch+1)*batch_size, :]
            batch_y = y_train[batch*batch_size : (batch+1)*batch_size, :]
            sess.run(optimizer, feed_dict={x: batch_x, y: batch_y})
        acc = sess.run(accuracy, feed_dict={x: batch_x, y: batch_y})
        print(acc)
        c.append(acc)
        end_time = time.time()
        print('time: ', (end_time - start_time))
        start_time = end_time
        print("--------------%d onpech is finished------------------",i)
    print("Optimization Finished!")

    # Test
    test_acc = sess.run(accuracy, feed_dict={x: X_test, y: y_test})
    print("Testing Accuracy:", test_acc)
    plt.plot(c)
    plt.xlabel('Iter')
```

```
    plt.ylabel('Cost')
    plt.title('lr=%f, ti=%d, bs=%d, acc=%f' % (learning_rate, training_iters,
batch_size, test_acc))
    plt.tight_layout()
    plt.savefig('cnn-tf-cifar10-%s.png' % test_acc, dpi=200)
```

根据计算机不同的运行速率，可以得到运行时间，在作者的计算机中，大概 90 秒运行一个周期，具体结果请读者自行打印完成。

12.2.3　CIFAR-10 模型的细节描述与参数重构

本小节将对模型参数做更细致的讲解，主要是对模型的参数进行调节。神经网络的模型在设计完成后往往并不需要很大的变动，要做的工作更多的是在使用过程中对参数进行调节。

1. 一般来说，首先需要调节的是学习率

学习率的不同会对模型的收敛有很大的影响，同样的模型采用不同的学习率会表现得非常不同。学习率的调节往往都是靠经验进行设置，这里作者也没有更好的方法，但是作者在使用时一般都会首先将学习率设置为 1E-4 左右，即从 0.0001 开始，逐步增大学习率。

在此模型中学习率设置为 1E-4，读者根据需要对学习率进行设置，可以参考模型拟合的结果。

2. 对于模型过拟合的处理

对于深度学习模型的设计，随着计算机硬件资源的提高，模型也设计得越来越深，同时神经元的个数也不断增加。这样做的好处是可以对复杂的情况进行处理，但是在这种情况下，模型在强行对函数进行拟合的过程中，更容易产生过拟合。

为了防止或减少过拟合的产生，程序设计人员采用了大量的办法，本例中使用 LRN 层也是防止过拟合的手段之一。除此之外，常用的防止过拟合的手段还有 Dropout、对数据集使用 Batch Normalization，以及增大数据集。例如图像裁剪、对称变换、旋转平移，都可以让模型在验证集上的表现更好。

3. 激活函数选择

前面已经说过，常用的激活函数使用的是 Sigmoid 和 ReLU，在本例中，所有的层级（卷积+全连接）都使用了 ReLU 作为激活函数。如果有读者对其感兴趣，可以尝试将 ReLU 函数替换成 Sigmoid 函数进行处理。

使用 ReLU 的优缺点在前面已经做了介绍，从 ReLU 图形的分析来看，它就是一种受限激活函数，这种函数在使用中为网络引入了大量的稀疏性，至少有一半的神经元并不会激活，因而加速了强特征的提取和弱特征的瓦解，增强了学习效果。

4. 权值的初始化

对于 Sigmoid 网络来说，有如下两种固定的权重初始化方法：

（1）Log-Sigmoid 函数：

$$[-4 \times \frac{\sqrt{6}}{\sqrt{LayerInput + LayerOut}}, 4 \times \frac{\sqrt{6}}{\sqrt{LayerInput + LayerOut}}]$$

（2）Tanh-Sigmoid 函数：

$$[-1 \times \frac{\sqrt{6}}{\sqrt{LayerInput + LayerOut}}, \frac{\sqrt{6}}{\sqrt{LayerInput + LayerOut}}]$$

以上这 2 个参数是使用 Sigmoid 函数常用的设置。但是对于 ReLU 函数来说，它用作回归的激活函数，输出结果近似于正态分布。因此在本例中采用的随机正态分布生成 0 均值，标准差一定的随机矩阵作为初始化参数，并在计算过程中逐步加大标准差，使得权重能够获得一个弹性增加。

```
W_conv = {
        'conv1': tf.Variable(tf.truncated_normal([5, 5, 3, 32],
stddev=0.0001)),
        'conv2': tf.Variable(tf.truncated_normal([5, 5, 32, 64],stddev=0.01)),
        'fc1': tf.Variable(tf.truncated_normal([8*8*64, n_fc1], stddev=0.1)),
        'fc2': tf.Variable(tf.truncated_normal([n_fc1, n_fc2], stddev=0.1)),
        'fc3': tf.Variable(tf.truncated_normal([n_fc2, n_classes],
stddev=0.1))
    }
```

可以看到，这里的权重随着层次的逐渐深入，逐步按 0.001→0.01→0.1→0.1→0.1 的顺序增加。

5. 池化层的选择

在前面介绍池化算法的时候提到，一般池化算法有两种，分别是 MaxPooling 和 AvgPooling。在本例中使用的是 AvgPooling，相对于 MaxPooling 来说，AvgPooling 能够提供具有更小噪声的数据，即将原始图像中的噪声降噪处理。

12.3　本章小结

本章全面介绍了卷积神经网络的基本算法，特别是对卷积神经网络中反向传播算法做了一个详尽的解释，之后通过示例回顾了卷积神经网络的使用方法，借用卷积神经网络实现对 CIFAR-10 数据集的判别和参数做了解释。

实际上深度学习的模型已经较为成熟，而用得更多的是一些经典的模型，读者应该首先掌握这些经典模型的使用和一些细节，并在其基础上根据应用的实际情况做出修改。

第 13 章

猫狗大战
——实战AlexNet图像识别

一直以来，对于现实世界中的图像辨认是计算机视觉研究的重中之重。为此世界各地每年各种关于计算机对图像识别的竞赛层出不穷，各种论文和相关算法也是大量涌现，很好地促进了使用计算机图像辨认技术的发展。

但是由于基础和硬件资源的受限，关于计算机辨识能力始终没有获得突飞猛进的发展；而最终打破这个僵局使计算机视觉发展水平上了一个大台阶的是应用卷积神经网络发展起来的一个新的实用型网络：AlexNet。

2012 年，在 ImageNet 上的图像分类 challenge 上，Alex 提出的 AlexNet 网络结构模型，赢得了 2012 届的图像识别冠军。在此基础上 GoogleNet 和 VGG 同时获得了 ImageNet 上 2014 年的好成绩。

从图 13-1 上可以看到，AlexNet 是在 LeNet 上发展起来的应用卷积神经网络的一个深度学习模型，与 LeNet 不同的是，AlexNet 使用了 GPU 对更多的数据进行处理，并且首次引入了 Dropout 层来处理过拟合以及使用 ReLU 激活函数替代 sigmoid 来作为激活函数。当然应用这些新技术新想法的结果也是令人欣慰的。

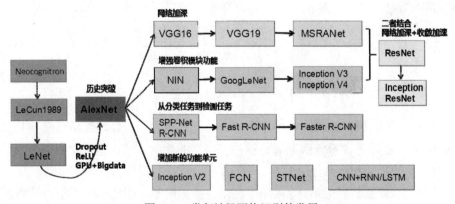

图 13-1 卷积神经网络识别的发展

在此基础上发展了 VGG 网络和 NIS 网络，以及使用这 2 种结合建立的 ResNet 模型，建立了有着更深的卷积、收敛和运算速度更快的神经网络模型。可以说目前所有比较成功的神经网络模型都是来自于 AlexNet。

本章将主要介绍 AlexNet 的原理以及应用，并使用 TensorFlow 具体实现这个神经网络。

13.1　AlexNet 简介

AlexNet 实际上是从 LeNet 上发展起来的一个新的卷积神经网络模型。这个模型比起之前我们看到的 Cifar10 和 LeNet 模型相对来说要复杂一些，训练时间是在两台 GPU 上进行了一周，后期在 Hinton 的建议下，在全连接层加入 ReLU 和 Dropout 层。

13.1.1　AlexNet 模型解读

对于这个模型，分解来看，AlexNet 上的一个完整的卷积层可能包括一层 convolution、一层 Rectified Linear Units、一层 max-pooling、一层 normalization。而整个网络结构包括五层卷积层和三层全连接层，网络的最前端是输入图片的原始像素点，最后端是图片的分类结果。

 图 13-2 中特殊的地方就是卷积部分都是画成上下两块,意思是在这一层计算出来的 feature map 要分开计算。这样做是因为当时在网络设计时，计算机硬件资源不足，好处是能够极大地加快计算速度，但是运算趋势已经由单机计算发展到分布式计算，因此这样的分布就没有太多的必要。

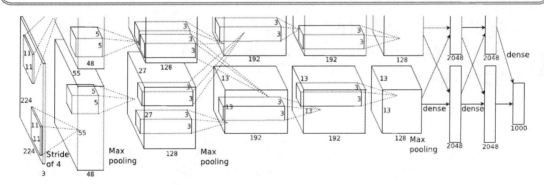

图 13-2　AlexNet 模型

具体打开 AlexNet 来看其中每一层的使用。

1. 第一层：卷积层

在这里对层中数值进行解释，其中 conv1 说明这里输出为 96 层，使用的卷积核大小为 [11,11]，步进为 4。在此之后数据被变为大小为[55,55]、深度为 94 的数据。之后进行一次 ReLU 激活，再将输入的数据进行池化处理，池化的核大小为 3，每次步进为 2，如图 13-3 所示。

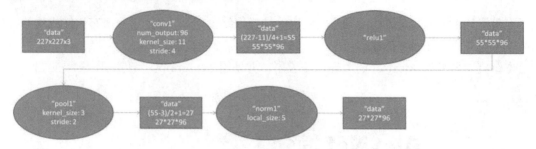

图 13-3　AlexNet 模型第 1 个卷积层

池化层的步进为 2 说明这里使用的是重叠池化，重叠池化的作用是对数据集的特征保留相对于一般池化更多，更好地反应特征现象。后面就是对数据的归一化处理，这里使用的是特殊计算层——LRN 层，其作用是对当前层的输出结果做平滑处理，如图 13-4 所示。

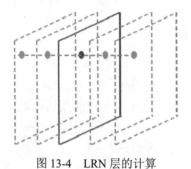

图 13-4　LRN 层的计算

$$b = a \ / \ ((k + \alpha \ / \ N)\sum (a)^2)^\beta$$

此公式中 a 是当前层中需要计算的点，α 为缩放因子，β 为指数项，这 2 项均是计算系数，N 是扩展的层数，一般建议选 5（前后 2 层加本身的 1 层）。

2. 第二层：卷积层

第二层卷积层如图 13-5 所示。

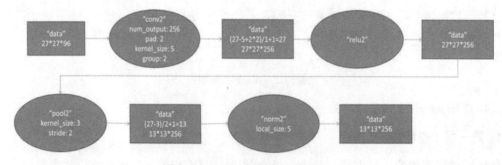

图 13-5　AlexNet 模型第 2 个卷积层

3. 第三层：卷积层

第三层卷积层如图 13-6 所示。

图 13-6　AlexNet 模型第 3 个卷积层

4. 第四层：卷积层

第四层卷积层如图 13-7 所示。

图 13-7　AlexNet 模型第 4 个卷积层

5. 第五层：卷积层

第五层卷积层如图 13-8 所示。

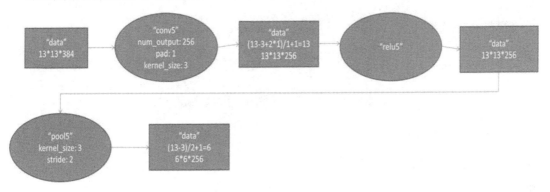

图 13-8　AlexNet 模型第 5 个卷积层

6. 第六层：全连接层

第六层全连接层如图 13-9 所示。

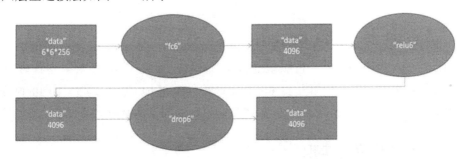

图 13-9　AlexNet 模型第 1 个全连接层

从第 6 层开始是全连接层，这里的参数如图 13-9 所示。需要说明的是，对于全连接层的含义，每个人的理解和解释都不尽相同，在这里我们从矩阵计算的方式进行解释。

全连接层进行的是权重和输入值的矩阵计算，本质就是将输入矩阵特征空间投射到另一个特征空间。在这个空间投射变换过程中，提取整合了有用的信息，加上适当的激活函数，使得全连接层在理论上可以模拟出线性和非线性变换。

这个全连接层在整个连接的最后一层将不同的结果映射，这样就可以认为是对输入进行分类。在卷积神经网络中，使用大量的卷积和池化层做特征提取，之后使用全连接做特征加权和映射。

7. 第七层：全连接层

第七层全连接层如图 13-10 所示。

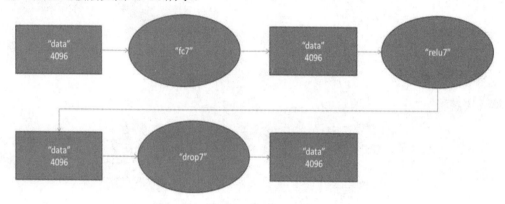

图 13-10　AlexNet 模型第 2 个全连接层

8. 第八层：全连接层

第八层全连接层如图 13-11 所示。

图 13-11　AlexNet 模型最后输出层

从全连接层的图示可以看到，这里使用了 2 个 dropout 层。dropout 是指在深度学习网络的训练过程中，对于神经网络单元，按照一定的概率将其暂时从网络中丢弃。这样做的好处是对于随机梯度下降来说，由于是随机丢弃，因此每一个 mini-batch 都在训练不同的网络。

最终由最后一个全连接层对数据进行分类处理，使用的是 softmax 函数进行数据分类。

13.1.2　AlexNet 程序的实现

通过前面章节的学习，我们对 LeNet 有了一个了解，并使用了 TensorFlow 框架进行程序设计，编写了相应的代码。实际上 AlexNet 就是在 LeNet 模型的基础上变形而来的，因此可以通过对 LeNet 修改完成 AlexNet 的实现。

在程序的编写上，可以遵循着敏捷开发原则，对参数进行集中管理。AlexNet 的全景图如图 13-12 所示。

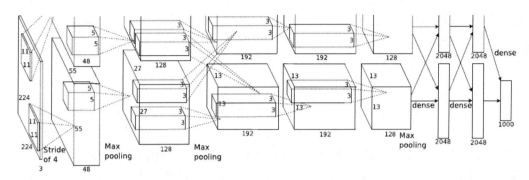

图 13-12　AlexNet 模型全景图

可以看到，在图 13-12 的全景图中对各个层的系数做分解和说明，因此在编写代码时最好的设定就是预先将系数以参数的形式固定，代码段如下：

```python
learning_rate = 1e-4
training_iters = 200
batch_size = 50
display_step = 5
n_classes = 2
n_fc1 = 4096
n_fc2 = 2048


# 构建模型
x = tf.placeholder(tf.float32, [None, 227, 227, 3])
y = tf.placeholder(tf.int32, [None, n_classes])


W_conv = {
    'conv1': tf.Variable(tf.truncated_normal([11, 11, 3, 96], stddev=0.0001)),
    'conv2': tf.Variable(tf.truncated_normal([5, 5, 96, 256], stddev=0.01)),
    'conv3': tf.Variable(tf.truncated_normal([3, 3, 256, 384], stddev=0.01)),
    'conv4': tf.Variable(tf.truncated_normal([3, 3, 384, 384], stddev=0.01)),
    'conv5': tf.Variable(tf.truncated_normal([3, 3, 384, 256], stddev=0.01)),
    'fc1': tf.Variable(tf.truncated_normal([13 * 13 * 256, n_fc1], stddev=0.1)),
    'fc2': tf.Variable(tf.truncated_normal([n_fc1, n_fc2], stddev=0.1)),
    'fc3': tf.Variable(tf.truncated_normal([n_fc2, n_classes], stddev=0.1))
}
b_conv = {
```

```
    'conv1': tf.Variable(tf.constant(0.0, dtype=tf.float32, shape=[96])),
    'conv2': tf.Variable(tf.constant(0.1, dtype=tf.float32, shape=[256])),
    'conv3': tf.Variable(tf.constant(0.1, dtype=tf.float32, shape=[384])),
    'conv4': tf.Variable(tf.constant(0.1, dtype=tf.float32, shape=[384])),
    'conv5': tf.Variable(tf.constant(0.1, dtype=tf.float32, shape=[256])),
    'fc1': tf.Variable(tf.constant(0.1, dtype=tf.float32, shape=[n_fc1])),
    'fc2': tf.Variable(tf.constant(0.1, dtype=tf.float32, shape=[n_fc2])),
    'fc3': tf.Variable(tf.constant(0.0, dtype=tf.float32, shape=[n_classes]))
}
```

在这里分别对模型的参数进行设定，学习率为 0.0001，预定的运行循环次数为 200 次，每次运行时使用 50 个随机数据。n_classes 是分类数目，这里在代码设计时就确定了其目的是进行"猫狗大战"的竞赛，而设定的全连接层中的神经元数目为 4096 与 2048。

接下来再确定占位符。占位符使用的是矩阵的形式，数据格式为"float32"，其作用就是在模型计算和损失函数计算时输入数据。

这里使用了 Python 程序中的字典对数据的存储做了设计。这样做的好处是能够简化程序的编写难度，在每一层的数据使用上只需要调用相应的变量即可，变量对应的变量值是根据模型框架统一计算和设计的，因此建议读者也使用这种方法对更多的网络参数进行管理。

下面对各个层进行详细介绍。

1. 第一层卷积层

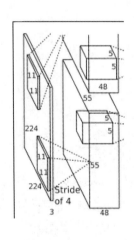

```
#卷积层 1

conv1 = tf.nn.conv2d(x image, W conv['conv1'], strides=[1,
4, 4, 1], padding='VALID')

conv1 = tf.nn.bias_add(conv1, b_conv['conv1'])

conv1 = tf.nn.relu(conv1)

# 池化层 1

pool1 = tf.nn.avg pool(conv1, ksize=[1, 3, 3, 1],
strides=[1, 2, 2, 1], padding='VALID')

 # LRN层, Local Response Normalization

norm1 = tf.nn.lrn(pool1, 5, bias=1.0, alpha=0.001 / 9.0,
beta=0.75)
```

这里使用的图像规格是[227,227,3]，这也是在后面图像处理时输入的图像数据。需要注意的是，数据图片提供的图像格式为 RBG，有 3 个通道，这里在卷积层第一层提供的卷积核为 96，同样也是 3 通道。

2. 第二层卷积层

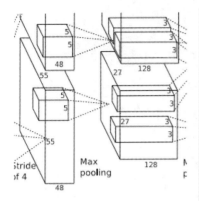

```
#卷积层 2

conv2 = tf.nn.conv2d(norm1, W conv['conv2'],
strides=[1, 1, 1, 1], padding='SAME')

conv2 = tf.nn.bias_add(conv2, b_conv['conv2'])

conv2 = tf.nn.relu(conv2)

# 池化层 2

pool2 = tf.nn.avg pool(conv2, ksize=[1, 3, 3, 1],
strides=[1, 2, 2, 1], padding='VALID')

# LRN层, Local Response Normalization

norm2 = tf.nn.lrn(pool2, 5, bias=1.0, alpha=0.001 /
9.0, beta=0.75)
```

3. 第三层卷积层

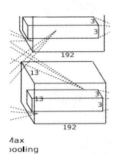

```
# 卷积层 3

conv3 = tf.nn.conv2d(norm2, W conv['conv3'], strides=[1, 1,
1, 1], padding='SAME')

conv3 = tf.nn.bias_add(conv3, b_conv['conv3'])

conv3 = tf.nn.relu(conv3)
```

4. 第四层卷积层

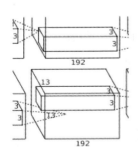

```
# 卷积层 4

conv4 = tf.nn.conv2d(conv3, W_conv['conv4'], strides=[1, 1,
1, 1], padding='SAME')

conv4 = tf.nn.bias_add(conv4, b_conv['conv4'])

conv4 = tf.nn.relu(conv4)
```

5. 第五层卷积层

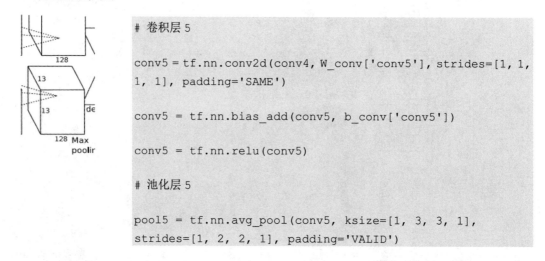

```
# 卷积层5

conv5 = tf.nn.conv2d(conv4, W_conv['conv5'], strides=[1, 1,
1, 1], padding='SAME')

conv5 = tf.nn.bias_add(conv5, b_conv['conv5'])

conv5 = tf.nn.relu(conv5)

# 池化层5

pool5 = tf.nn.avg_pool(conv5, ksize=[1, 3, 3, 1],
strides=[1, 2, 2, 1], padding='VALID')
```

以上3层为卷积层的最后3层，需要注意的是，这里的卷积层并没有使用池化层，而是在第五个卷积层结束以后进行了池化处理。下面是对全连接层的使用。

6. 第六层全连接层

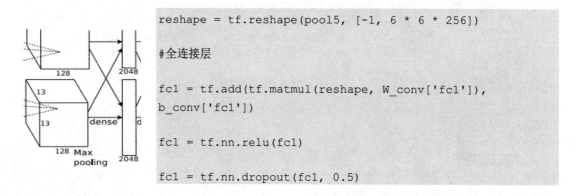

```
reshape = tf.reshape(pool5, [-1, 6 * 6 * 256])

#全连接层

fc1 = tf.add(tf.matmul(reshape, W_conv['fc1']),
b_conv['fc1'])

fc1 = tf.nn.relu(fc1)

fc1 = tf.nn.dropout(fc1, 0.5)
```

这里需要注意的是，全连接层在使用前首先要对输入的卷积的大小进行重新构建，使得4维矩阵重构为2维矩阵。之后使用了 ReLU 激活函数以及池化层对其进行处理。

7. 第七层全连接层

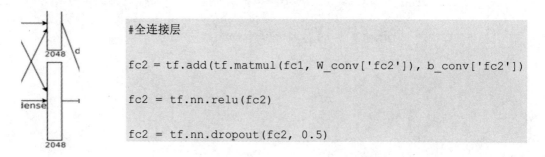

```
#全连接层

fc2 = tf.add(tf.matmul(fc1, W_conv['fc2']), b_conv['fc2'])

fc2 = tf.nn.relu(fc2)

fc2 = tf.nn.dropout(fc2, 0.5)
```

8. 第八层全连接层

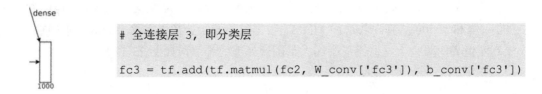

```
# 全连接层 3，即分类层

fc3 = tf.add(tf.matmul(fc2, W_conv['fc3']), b_conv['fc3'])
```

真正的 AlexNet 对数据的分类是将其分成 1000 类，但是在本次程序设计时只需要将图片分成 2 类即可。

最后是损失函数的确定，这里使用的是 softmax 计算后再使用交叉熵进行运算：

```
# 定义损失
loss = tf.reduce_mean(tf.nn.softmax_cross_entropy_with_logits(fc3, y))
optimizer =
tf.train.GradientDescentOptimizer(learning_rate=learning_rate).minimize(loss)
# 评估模型
correct_pred = tf.equal(tf.argmax(fc3, 1), tf.argmax(y, 1))
accuracy = tf.reduce_mean(tf.cast(correct_pred, tf.float32))
```

13.2　实战猫狗大战——AlexNet 模型

猫狗大战的数据集来源于 Kaggle 上的一个竞赛：Dogs vs. Cats，成立于 2010 年的 Kaggle 是一个进行数据发掘和预测竞赛的在线平台。万事达、辉瑞制药公司、好事达保险公司和 Facebook，甚至 NASA 都曾在这个平台上发起过竞赛。

目前，Kaggle 上已有超过 8.5 万的数据科学家。美国运通和纽约时报等公司已经把 Kaggle 排名作为数据科学家招聘过程中的重要标准。排名不仅仅是程序员的勋章，而是一种比传统标准更为重要、更具价值的能力证明。

赛程总计历时 6 个月，吸引了包括美国、瑞士、德国、法国、新加坡、印度等国家的数据科学家、研究人员、博士，以及硅谷等地的人工智能企业团队参加。

当然，也有不少中国的个人和团队参赛，其中有中国竞赛团队 Matview 进入了前 10 名。同进前 10 的参赛者中，不乏有谷歌工程师、知名黑客、机器学习首席数据科学家等专业人士。IIT Bombay 的数据科学家 Damodar 也参赛过，他是深度学习图像分类方向的大牛，本次比赛也获得了第 22 名的成绩。

正如 Kaggle 在本次国际猫狗识别比赛的介绍中所说，2013 年以来，机器学习领域发生了很多变化，特别是深度学习和图像识别，这项本是数学家们无聊时用来打发时间的下午茶技术，现在正广泛地运用于生活和生产实践中。

13.2.1 数据的收集与处理

猫狗大战的数据集下载地址为 https://www.kaggle.com/c/dogs-vs-cats。其中数据集有12500 只猫和 12500 只狗。与前面 MNIST 数据集不同之处在于，这个数据集中的数据都是来自于真实世界的照片，这也无形中加大了图像处理的难度，如图 13-13 所示。

图 13-13　猫狗大战数据集图片

训练神经网络进行图片识别的第一步就是需要对数据集进行加工和处理。

1. 第一步：数据集的加工

数据集中的数据并不是按照规格大小处理，对于不同的图片，其规格尺寸都不尽相同，因此在数据提交之前需要对数据集进行处理。

最简单的处理方式就是把数据裁剪成既定的大小，在 AlexNet 模型中，输入到模型中的图片大小为[227,227]，因此这里建议将图片按这个尺寸进行裁剪。代码段如下：

```
import cv2
import os
def rebuild(dir):
    for root, dirs, files in os.walk(dir):
        for file in files:
            filepath = os.path.join(root, file)
            try:
                image = cv2.imread(filepath)
                dim = (227, 227)
                resized = cv2.resize(image,dim)
                path = "C:\\cat_and_dog\\dog_r\\" + file
                cv2.imwrite(path, resized)
            except:
                print(filepath)
                os.remove(filepath)
    cv2.waitKey(0)  # 退出
```

这里导入的是图片集的根目录，os 对数据集所在的文件夹进行读取，之后的一个 for 循环重建了图片数据所在的路径，在图片被重构后重新写入了给定的位置。

需要提醒的是，这个代码段中对数据的读写是在一个 try 区域中，因为在整个数据集中不可避免地会包含和出现坏的图片，当程序出现异常时，最简单的办法就是跳过出问题的图片继续执行下去。因此在 except 模块中使用了 os.remove 函数对图片进行删除。

 在猫狗大战数据集中，竞赛组织方提供了较为充足的图片供模型学习，当读者在进行别的模型训练时，可以使用多种方法对数据进行重新生成，这里读者可以自行查阅资料设计。

2. 第二步：图片数据集转化为 TensorFlow 专用格式

在前面章节已介绍过，对于数据集来说，最好的方法就是将其转换为 TensorFlow 专用的数据格式，即 TFRecord 格式。

```
def get_file(file_dir):
    images = []
    temp = []
    for root, sub_folders, files in os.walk(file_dir):
        # image directories
        for name in files:
            images.append(os.path.join(root, name))
        # get 10 sub-folder names
        for name in sub_folders:
            temp.append(os.path.join(root, name))
        print(files)
    # assign 10 labels based on the folder names
    labels = []
    for one_folder in temp:
        n_img = len(os.listdir(one_folder))
        letter = one_folder.split('\\')[-1]

        if letter=='cat':
            labels = np.append(labels, n_img*[0])
        else:
            labels = np.append(labels, n_img*[1])


    # shuffle
    temp = np.array([images, labels])
    temp = temp.transpose()
    np.random.shuffle(temp)

    image_list = list(temp[:, 0])
```

```
    label_list = list(temp[:, 1])
    label_list = [int(float(i)) for i in label_list]

    return image_list, label_list
```

上面的代码段中，首先是对数据集文件的位置进行读取，之后根据文件夹名称的不同将处于不同文件夹中的图片标签设置为 0 或者 1，如果有更多分类的话，可以依据这个格式设置更多的标签类。之后使用创建的数组对所读取的文件位置和标签进行保存，而 NumPy 对数组的调整重构了存储有对应文件位置和文件标签的矩阵，并将其返回。

在获取图片数据文件位置和图片标签之后，即可通过相应的程序对其进行读取，并生成专用的 TFRecord 格式的数据集。

```
def int64_feature(value):
    return tf.train.Feature(int64_list=tf.train.Int64List(value=value))

def bytes_feature(value):
    return tf.train.Feature(bytes_list=tf.train.BytesList(value=[value]))


def convert_to_tfrecord(images_list, labels_list, save_dir, name):
    filename = os.path.join(save_dir, name + '.tfrecords')
    n_samples = len(labels_list)
    writer = tf.python_io.TFRecordWriter(filename)
    print('\nTransform start......')
    for i in np.arange(0, n_samples):
        try:
            image = io.imread(images_list [i]) # type(image) must be array!
            image_raw = image.tostring()
            label = int(labels[i])
            example = tf.train.Example(features=tf.train.Features(feature={
                        'label':int64_feature(label),
                        'image_raw': bytes_feature(image_raw)}))
            writer.write(example.SerializeToString())
        except IOError as e:
            print('Could not read:', images[i])
    writer.close()
    print('Transform done!')
```

首先是转换格式的定义，这里需要将数据转换为相应的格式，这个内容在前面讲解 IO 的时候已经做了介绍，这里就不再重复。

convert_to_tfrecord(images_list, labels_list, save_dir, name)函数中需要 4 个参数，其中 image_list 和 labels_list 是上一个代码段获取的图片位置和对应标签的列表。save_dir 是存储路径，如果希望将生成的 TFRecord 文件存储在当前目录下，直接使用空的双引号" "即可。最后是生成的文件名，这里只需填写名称就会自动生成“.tfrecords”格式结尾的数据集。

当生成完数据集后，在神经网络使用数据集进行训练时，需要一个方法将数据从数据集中取出，下面的代码段完成了数据读取的功能。

```python
def read_and_decode(tfrecords_file, batch_size):
    filename_queue = tf.train.string_input_producer([tfrecords_file])

    reader = tf.TFRecordReader()
    _, serialized_example = reader.read(filename_queue)
    img_features = tf.parse_single_example(
                                    serialized_example,
                                    features={
                                            'label': tf.FixedLenFeature([],
tf.int64),
                                            'image_raw': tf.FixedLenFeature([],
tf.string),
                                            })
    image = tf.decode_raw(img_features['image_raw'], tf.uint8)

    image = tf.reshape(image, [227,227,3])
    label = tf.cast(img_features['label'], tf.int32)
    image_batch, label_batch = tf.train.shuffle_batch([image, label],
                                    batch_size= batch_size,
                                    min_after_dequeue=100,
                                    num_threads= 64,
                                    capacity = 200)
    return image_batch, tf.reshape(label_batch, [batch_size])
```

这里按写入格式读取数据集。需要注意的是，输入的参数对读取的 batch 尺寸进行了设置，如果大小不合适的话，就会影响模型的训练速度。

3. 第二步补充：图片地址数据集转化为 TensorFlow 专用格式

对于数据容量不太大的数据集，将其整体转换成 TensorFlow 专用格式输入到模型中进行训练是一个非常好的方法。但是对于有些容量非常庞大，数据量非常多的数据集来说，将其转换成 TFRecord 格式是一个非常浩大的工程，而且往往由于原始的数据集和转换后的数据集容量过大，使得加载和读取耗费更多的资源，从而引起一系列的问题。

因此在工程上，除了直接将数据集转化成专用的数据格式之外，还有一种常用的方法就是将需要读取的数据地址集转换成专用的格式，每次直接在其中读取生成batch后的地址，将地址读取后直接在模型内部生成包含 25 个图片格式的 TFRecord。代码段如下：

```python
def get_batch(image_list,
label_list,img_width,img_height,batch_size,capacity):
    image = tf.cast(image_list,tf.string)
```

```
    label = tf.cast(label_list,tf.int32)

    input_queue = tf.train.slice_input_producer([image,label])

    label = input_queue[1]
    image_contents = tf.read_file(input_queue[0])
    image = tf.image.decode_jpeg(image_contents,channels=3)

    image =
tf.image.resize_image_with_crop_or_pad(image,img_width,img_height)
    image = tf.image.per_image_standardization(image)  #将图片标准化
    image_batch,label_batch =
tf.train.batch([image,label],batch_size=batch_size,num_threads=64,capacity=cap
acity)
    label_batch = tf.reshape(label_batch,[batch_size])

    return image_batch,label_batch
```

在这里 get_batch(image_list, label_list,img_width,img_height,batch_size,capacity)函数中有 6 个参数，前 2 个分别为图片列表和标签列表(图片列表和标签列表的生成方式在前文的代码段中已经说明)。img_width 和 img_height 分别为生成图片的大小，这里可以按模型的需求指定。batch_size 和 capacity 分别是每次生成的图片数量和在内存中存储的最大数据容量，这里可根据不同硬件配置指定。

4. 第三步：标签格式的重构与模型存储

在上文标签的生成过程中，标签按文件夹名称的不同生成 1 或者 0。在模型的计算中，需要将不同的标签按 one-hot 存储的格式生成 2 维矩阵。这里更改标签格式的代码为：

```
def onehot(labels):
    '''one-hot 编码'''
    n_sample = len(labels)
    n_class = max(labels) + 1
    onehot_labels = np.zeros((n_sample, n_class))
    onehot_labels[np.arange(n_sample), labels] = 1
    return onehot_labels
```

可以看到标签输入到这里之后生成一个 2 维矩阵，之后根据大小数目，矩阵的相应位置被标记为数字 1。

13.2.2　模型的训练与存储

1. 第一步：模型的使用

这里使用预先实现的 AlexNet 模型，代码段如下：

```python
with tf.device('/cpu:0'):
    # 模型参数
    learning_rate = 1e-4
    training_iters = 200
    batch_size = 50
    display_step = 5
    n_classes = 2
    n_fc1 = 4096
    n_fc2 = 2048

    # 构建模型
    x = tf.placeholder(tf.float32, [None, 227, 227, 3])
    y = tf.placeholder(tf.int32, [None, n_classes])

    W_conv = {
        'conv1': tf.Variable(tf.truncated_normal([11, 11, 3, 96],
stddev=0.0001)),
        'conv2': tf.Variable(tf.truncated_normal([5, 5, 96, 256],
stddev=0.01)),
        'conv3': tf.Variable(tf.truncated_normal([3, 3, 256, 384],
stddev=0.01)),
        'conv4': tf.Variable(tf.truncated_normal([3, 3, 384, 384],
stddev=0.01)),
        'conv5': tf.Variable(tf.truncated_normal([3, 3, 384, 256],
stddev=0.01)),
        'fc1': tf.Variable(tf.truncated_normal([13 * 13 * 256, n_fc1],
stddev=0.1)),
        'fc2': tf.Variable(tf.truncated_normal([n_fc1, n_fc2], stddev=0.1)),
        'fc3': tf.Variable(tf.truncated_normal([n_fc2, n_classes],
stddev=0.1))
    }
    b_conv = {
        'conv1': tf.Variable(tf.constant(0.0, dtype=tf.float32, shape=[96])),
        'conv2': tf.Variable(tf.constant(0.1, dtype=tf.float32, shape=[256])),
        'conv3': tf.Variable(tf.constant(0.1, dtype=tf.float32, shape=[384])),
        'conv4': tf.Variable(tf.constant(0.1, dtype=tf.float32, shape=[384])),
        'conv5': tf.Variable(tf.constant(0.1, dtype=tf.float32, shape=[256])),
        'fc1': tf.Variable(tf.constant(0.1, dtype=tf.float32, shape=[n_fc1])),
        'fc2': tf.Variable(tf.constant(0.1, dtype=tf.float32, shape=[n_fc2])),
        'fc3': tf.Variable(tf.constant(0.0, dtype=tf.float32,
shape=[n_classes]))
    }
```

```
        x_image = tf.reshape(x, [-1, 227, 227, 3])

        # 卷积层 1
        conv1 = tf.nn.conv2d(x_image, W_conv['conv1'], strides=[1, 4, 4, 1],
padding='VALID')
        conv1 = tf.nn.bias_add(conv1, b_conv['conv1'])
        conv1 = tf.nn.relu(conv1)
        # 池化层 1
        pool1 = tf.nn.avg_pool(conv1, ksize=[1, 3, 3, 1], strides=[1, 2, 2, 1],
padding='VALID')
        # LRN 层, Local Response Normalization
        norm1 = tf.nn.lrn(pool1, 5, bias=1.0, alpha=0.001 / 9.0, beta=0.75)

        #卷积层 2
        conv2 = tf.nn.conv2d(norm1, W_conv['conv2'], strides=[1, 1, 1, 1],
padding='SAME')
        conv2 = tf.nn.bias_add(conv2, b_conv['conv2'])
        conv2 = tf.nn.relu(conv2)
        # 池化层 2
        pool2 = tf.nn.avg_pool(conv2, ksize=[1, 3, 3, 1], strides=[1, 2, 2, 1],
padding='VALID')
        # LRN 层, Local Response Normalization
        norm2 = tf.nn.lrn(pool2, 5, bias=1.0, alpha=0.001 / 9.0, beta=0.75)

        # 卷积层 3
        conv3 = tf.nn.conv2d(norm2, W_conv['conv3'], strides=[1, 1, 1, 1],
padding='SAME')
        conv3 = tf.nn.bias_add(conv3, b_conv['conv3'])
        conv3 = tf.nn.relu(conv3)

        # 卷积层 4
        conv4 = tf.nn.conv2d(conv3, W_conv['conv4'], strides=[1, 1, 1, 1],
padding='SAME')
        conv4 = tf.nn.bias_add(conv4, b_conv['conv4'])
        conv4 = tf.nn.relu(conv4)

        # 卷积层 5
        conv5 = tf.nn.conv2d(conv4, W_conv['conv5'], strides=[1, 1, 1, 1],
padding='SAME')
        conv5 = tf.nn.bias_add(conv5, b_conv['conv5'])
        conv5 = tf.nn.relu(conv2)

        # 池化层 5
```

```
    pool5 = tf.nn.avg_pool(conv5, ksize=[1, 3, 3, 1], strides=[1, 2, 2, 1],
padding='VALID')

    reshape = tf.reshape(pool5, [-1, 13 * 13 * 256])

    fc1 = tf.add(tf.matmul(reshape, W_conv['fc1']), b_conv['fc1'])
    fc1 = tf.nn.relu(fc1)
    fc1 = tf.nn.dropout(fc1, 0.5)
    # 全连接层 2
    fc2 = tf.add(tf.matmul(fc1, W_conv['fc2']), b_conv['fc2'])
    fc2 = tf.nn.relu(fc2)
    fc2 = tf.nn.dropout(fc2, 0.5)
    # 全连接层 3，即分类层
    fc3 = tf.add(tf.matmul(fc2, W_conv['fc3']), b_conv['fc3'])

    # 定义损失
    loss = tf.reduce_mean(tf.nn.softmax_cross_entropy_with_logits(fc3, y))
    optimizer =
tf.train.GradientDescentOptimizer(learning_rate=learning_rate).minimize(loss)
    # 评估模型
    correct_pred = tf.equal(tf.argmax(fc3, 1), tf.argmax(y, 1))
    accuracy = tf.reduce_mean(tf.cast(correct_pred, tf.float32))

    init = tf.global_variables_initializer()


def onehot(labels):
    '''one-hot 编码'''
    n_sample = len(labels)
    n_class = max(labels) + 1
    onehot_labels = np.zeros((n_sample, n_class))
    onehot_labels[np.arange(n_sample), labels] = 1
    return onehot_labels
```

可能有读者注意到模型的第一句是 with tf.device('/cpu:0')，使用这条语句是对使用的 CPU 情况进行注释。如果有多个 CPU 共同使用的话，那么此模型的训练可以是仅仅使用序列上第一个 CPU 进行工作。

2. 第二步：模型的存储

除此之外，对于训练的模型，根据不同的情况，需要对模型的结构以及设定的权重进行存储。TensorFlow 中也提供了模型存储的函数，即 tf.save 函数。具体使用如下：

```
save_model = ".//model//AlexNetModel.ckpt"
…
```

```
…
…
saver = tf.train.Saver()
saver.save(sess, save_model)
```

在模型存储的阶段，只需要使用 TensorFlow 提供的 save 函数进行存储。需要说明的是，模型可以存储在绝对路径下，也可以存储在当前路径下，而当前路径的存储需要在其文件夹名前加 "./"，这是最新的格式要求。

对于文件的读取，可以同样使用 save 函数进行读取。再看下面代码：

```
save_model = tf.train.latest_checkpoint('.//model')
saver.restore(sess, save_model)
```

tf.train.latest_checkpoint 函数是读取对应文件夹中最新的一个模型，使用这种模型的好处是可以根据最新的时间回复最新的存储模型。

对于回复的模型需要注意的是，回复的模型一定要使用模型训练的占位符符号进行数据输入，同时用同一个 saver 对象来恢复变量。注意，当你从文件恢复变量时，不需要对它进行初始化，否则会报错。

3. 第三步：模型的训练

完成上面全部工作后，最后一步是对模型进行训练。

当模型设计和数据的准备已经完成之后，即可开始模型的训练工作。这里为了便于读取，将整个模型训练工作放在一个 train 函数中，传递相关的次数即可。

```
def train(opench):
    with tf.Session() as sess:
        sess.run(init)
        save_model = ".//model//AlexNetModel.ckpt"
        train_writer = tf.summary.FileWriter(".//log", sess.graph)
        saver = tf.train.Saver()

        loss = []
        start_time = time.time()

        coord = tf.train.Coordinator()
        threads = tf.train.start_queue_runners(coord=coord)
        step = 0
        for i in range(1):
            step = i
            image, label = sess.run([ image_batch, label_batch])

            labels = onehot(label)

            sess.run(optimizer, feed_dict={x: image, y: labels})
```

```
        loss_record = sess.run(loss, feed_dict={x: image, y: labels})
        print("now the loss is %f "%loss_record)

        loss.append(loss_record)
        end_time = time.time()
        print('time: ', (end_time - start_time))
        start_time = end_time
        print("---------------%d onpech is finished-------------------" % i)
    print("Optimization Finished!")
    saver = tf.train.Saver()
    saver.save(sess, save_model)
    print("Model Save Finished!")

    coord.request_stop()
    coord.join(threads)
plt.plot(loss)
    plt.xlabel('iter')
    plt.ylabel('loss')
    plt.tight_layout()
    plt.savefig('cnn-tf-AlexNet.png' % 0, dpi=200)
```

在模型的训练中，首先产生了模型输出通道，之后使用 batch_size 批量读取数据。无论采用何种数据读取格式，对于标签 label 来说，都需要将其转换成矩阵格式，因此在读入模型前需要使用 one-hot 函数对其进行操作。

这里提供了一个 loss 数组作为损失函数的记录，在模型的训练结束后，可以查看相关的 loss 程度对模型进行修改。

从图 13-14 中可以看到，经过 5000 次循环训练后，损失函数逐渐趋于稳定，在 0~3 进行波动。并且可以看到，损失函数在一开始 500 次左右下降很快，而到 1000 次以后，基本上趋向在一个稳定的区间波动。

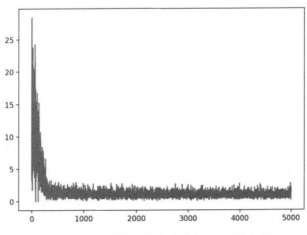

图 13-14　5000 次循环训练后损失函数的趋势曲线

13.2.3　使用训练过的模型预测图片

模型训练的最终目的是使用训练好的模型对图片进行预测，此时就需要使用保存好的模型。调用已经保存的模型代码在上文已经给出过：

```
save_model = tf.train.latest_checkpoint('.//model')
saver.restore(sess, save_model)
```

这里直接使用 tf.train.latest_checkpoint 函数即可读取对应目录下最后存储的模型和权重文件。代码段如下：

```
from PIL import Image
def per_class(imagefile):
    image = Image.open(imagefile)
    image = image.resize([227, 227])
    image_array = np.array(image)

    image = tf.cast(image_array,tf.float32)
    image = tf.image.per_image_standardization(image)
    image = tf.reshape(image, [1, 227, 227, 3])

    saver = tf.train.Saver()
    with tf.Session() as sess:

        save_model = tf.train.latest_checkpoint('.//model')
        saver.restore(sess, save_model)
        image = tf.reshape(image, [1, 227, 227, 3])
        image = sess.run(image)
        prediction = sess.run(fc3, feed_dict={x: image})

        max_index = np.argmax(prediction)
        if max_index==0:
            return "cat"
        else:
            return "dog"
```

per_class(imagefile)函数中包含一个参数，即图片文件的地址，之后使用 PIL 重新读取图片后将其重构为所需要的[227,227]大小的图片数据，之后再将其进行矩阵处理后准备输入模型进行甄别。

模型的读取采用的是 save.restore 函数，从最近保存的文件夹中读取相对应的文件后将模型重新载入。此时需要注意的是，这里载入的模型依旧要使用保存的模型中的训练占位符以及模式标识。

```
prediction = sess.run(fc3, feed_dict={x: image})
```

即上面代码段中 fc3 的模型以及数据输入的占位符 x。这一点非常重要，请读者在使用时不要出错。

最终 AlexNet 程序如下所示。

【程序 13-1】

```python
# coding: utf-8

import tensorflow as tf
import numpy as np
import matplotlib.pyplot as plt
import time
import create_and_read_TFRecord2 as reader2
import os

X_train, y_train = reader2.get_file("c:\\cat_and_dog_r")

image_batch, label_batch = reader2.get_batch(X_train, y_train, 227, 227, 200,
2048)


def batch_norm(inputs, is_training,is_conv_out=True,decay = 0.999):

    scale = tf.Variable(tf.ones([inputs.get_shape()[-1]]))
    beta = tf.Variable(tf.zeros([inputs.get_shape()[-1]]))
    pop_mean = tf.Variable(tf.zeros([inputs.get_shape()[-1]]),
trainable=False)
    pop_var = tf.Variable(tf.ones([inputs.get_shape()[-1]]), trainable=False)

    if is_training:
        if is_conv_out:
            batch_mean, batch_var = tf.nn.moments(inputs,[0,1,2])
        else:
            batch_mean, batch_var = tf.nn.moments(inputs,[0])

        train_mean = tf.assign(pop_mean,
                        pop_mean * decay + batch_mean * (1 - decay))
        train_var = tf.assign(pop_var,
                        pop_var * decay + batch_var * (1 - decay))
        with tf.control_dependencies([train_mean, train_var]):
            return tf.nn.batch_normalization(inputs,
                batch_mean, batch_var, beta, scale, 0.001)
    else:
        return tf.nn.batch_normalization(inputs,
```

```
                pop_mean, pop_var, beta, scale, 0.001)

   with tf.device('/cpu:0'):
       # 模型参数
       learning_rate = 1e-4
       training_iters = 200
       batch_size = 200
       display_step = 5
       n_classes = 2
       n_fc1 = 4096
       n_fc2 = 2048


       # 构建模型
       x = tf.placeholder(tf.float32, [None, 227, 227, 3])
       y = tf.placeholder(tf.int32, [None, n_classes])


       W_conv = {
           'conv1': tf.Variable(tf.truncated_normal([11, 11, 3, 96],
stddev=0.0001)),
           'conv2': tf.Variable(tf.truncated_normal([5, 5, 96, 256],
stddev=0.01)),
           'conv3': tf.Variable(tf.truncated_normal([3, 3, 256, 384],
stddev=0.01)),
           'conv4': tf.Variable(tf.truncated_normal([3, 3, 384, 384],
stddev=0.01)),
           'conv5': tf.Variable(tf.truncated_normal([3, 3, 384, 256],
stddev=0.01)),
           'fc1': tf.Variable(tf.truncated_normal([13 * 13 * 256, n_fc1],
stddev=0.1)),
           'fc2': tf.Variable(tf.truncated_normal([n_fc1, n_fc2], stddev=0.1)),
           'fc3': tf.Variable(tf.truncated_normal([n_fc2, n_classes],
stddev=0.1))
       }
       b_conv = {
           'conv1': tf.Variable(tf.constant(0.0, dtype=tf.float32, shape=[96])),
           'conv2': tf.Variable(tf.constant(0.1, dtype=tf.float32, shape=[256])),
           'conv3': tf.Variable(tf.constant(0.1, dtype=tf.float32, shape=[384])),
           'conv4': tf.Variable(tf.constant(0.1, dtype=tf.float32, shape=[384])),
           'conv5': tf.Variable(tf.constant(0.1, dtype=tf.float32, shape=[256])),
           'fc1': tf.Variable(tf.constant(0.1, dtype=tf.float32, shape=[n_fc1])),
           'fc2': tf.Variable(tf.constant(0.1, dtype=tf.float32, shape=[n_fc2])),
           'fc3': tf.Variable(tf.constant(0.0, dtype=tf.float32,
```

```
shape=[n_classes]))
    }

    x_image = tf.reshape(x, [-1, 227, 227, 3])

    # 卷积层 1
    conv1 = tf.nn.conv2d(x_image, W_conv['conv1'], strides=[1, 4, 4, 1],
padding='VALID')
    conv1 = tf.nn.bias_add(conv1, b_conv['conv1'])
    conv1 = tf.nn.relu(conv1)
    # 池化层 1
    pool1 = tf.nn.avg_pool(conv1, ksize=[1, 3, 3, 1], strides=[1, 2, 2, 1],
padding='VALID')
    # LRN 层, Local Response Normalization
    norm1 = tf.nn.lrn(pool1, 5, bias=1.0, alpha=0.001 / 9.0, beta=0.75)

    #卷积层 2
    conv2 = tf.nn.conv2d(norm1, W_conv['conv2'], strides=[1, 1, 1, 1],
padding='SAME')
    conv2 = tf.nn.bias_add(conv2, b_conv['conv2'])
    conv2 = tf.nn.relu(conv2)
    # 池化层 2
    pool2 = tf.nn.avg_pool(conv2, ksize=[1, 3, 3, 1], strides=[1, 2, 2, 1],
padding='VALID')
    # LRN 层, Local Response Normalization
    norm2 = tf.nn.lrn(pool2, 5, bias=1.0, alpha=0.001 / 9.0, beta=0.75)

    # 卷积层 3
    conv3 = tf.nn.conv2d(norm2, W_conv['conv3'], strides=[1, 1, 1, 1],
padding='SAME')
    conv3 = tf.nn.bias_add(conv3, b_conv['conv3'])
    conv3 = tf.nn.relu(conv3)

    # 卷积层 4
    conv4 = tf.nn.conv2d(conv3, W_conv['conv4'], strides=[1, 1, 1, 1],
padding='SAME')
    conv4 = tf.nn.bias_add(conv4, b_conv['conv4'])
    conv4 = tf.nn.relu(conv4)

    # 卷积层 5
    conv5 = tf.nn.conv2d(conv4, W_conv['conv5'], strides=[1, 1, 1, 1],
padding='SAME')
    conv5 = tf.nn.bias_add(conv5, b_conv['conv5'])
```

```
    conv5 = tf.nn.relu(conv2)

    # 池化层 5
    pool5 = tf.nn.avg_pool(conv5, ksize=[1, 3, 3, 1], strides=[1, 2, 2, 1],
padding='VALID')

    reshape = tf.reshape(pool5, [-1, 13 * 13 * 256])

    fc1 = tf.add(tf.matmul(reshape, W_conv['fc1']), b_conv['fc1'])
    fc1 = tf.nn.relu(fc1)
    fc1 = tf.nn.dropout(fc1, 0.5)
    # 全连接层 2
    fc2 = tf.add(tf.matmul(fc1, W_conv['fc2']), b_conv['fc2'])
    fc2 = tf.nn.relu(fc2)
    fc2 = tf.nn.dropout(fc2, 0.5)
    # 全连接层 3, 即分类层
    fc3 = tf.add(tf.matmul(fc2, W_conv['fc3']), b_conv['fc3'])

    # 定义损失
    loss = tf.reduce_mean(tf.nn.softmax_cross_entropy_with_logits(fc3, y))
    optimizer =
tf.train.GradientDescentOptimizer(learning_rate=learning_rate).minimize(loss)
    # 评估模型
    correct_pred = tf.equal(tf.argmax(fc3, 1), tf.argmax(y, 1))
    accuracy = tf.reduce_mean(tf.cast(correct_pred, tf.float32))

init = tf.global_variables_initializer()

def onehot(labels):
    '''one-hot 编码'''
    n_sample = len(labels)
    n_class = max(labels) + 1
    onehot_labels = np.zeros((n_sample, n_class))
    onehot_labels[np.arange(n_sample), labels] = 1
    return onehot_labels

save_model = ".//model//AlexNetModel.ckpt"
def train(opech):
    with tf.Session() as sess:
        sess.run(init)

        train_writer = tf.summary.FileWriter(".//log", sess.graph)  # 输出日志
的地方
```

```
        saver = tf.train.Saver()

        c = []
        start_time = time.time()

        coord = tf.train.Coordinator()
        threads = tf.train.start_queue_runners(coord=coord)
        step = 0
        for i in range(opech):
            step = i
            image, label = sess.run([image_batch, label_batch])

            labels = onehot(label)

            sess.run(optimizer, feed_dict={x: image, y: labels})
            loss_record = sess.run(loss, feed_dict={x: image, y: labels})
            print("now the loss is %f " % loss_record)

            c.append(loss_record)
            end_time = time.time()
            print('time: ', (end_time - start_time))
            start_time = end_time
            print("---------------%d onpech is finished-------------------" % i)
        print("Optimization Finished!")
        saver.save(sess, save_model)
        print("Model Save Finished!")

        coord.request_stop()
        coord.join(threads)
        plt.plot(c)
        plt.xlabel('Iter')
        plt.ylabel('loss')
        plt.title('lr=%f, ti=%d, bs=%d' % (learning_rate, training_iters,
batch_size))
        plt.tight_layout()
        plt.savefig('cat_and_dog_AlexNet.jpg', dpi=200)

    from PIL import Image

    def per_class(imagefile):

        image = Image.open(imagefile)
        image = image.resize([227, 227])
```

```
    image_array = np.array(image)

    image = tf.cast(image_array,tf.float32)
    image = tf.image.per_image_standardization(image)
    image = tf.reshape(image, [1, 227, 227, 3])

    saver = tf.train.Saver()
    with tf.Session() as sess:

        save_model = tf.train.latest_checkpoint('.//model')
        saver.restore(sess, save_model)
        image = tf.reshape(image, [1, 227, 227, 3])
        image = sess.run(image)
        prediction = sess.run(fc3, feed_dict={x: image})

        max_index = np.argmax(prediction)
        if max_index==0:
            return "cat"
        else:
            return "dog"
```

程序 13-1 是使用 AlexNet 对图像进行识别训练和预测的完整程序。需要注意的是，这里提供了 2 种数据读取方法，分别对应 13.2.1 节中的 2 种数据读取和生成方法。

执行程序的代码如下：

```
imagefile = "C:\\cat_and_dog\\cat\\"
cat = dog = 0

train(1000)
for root, sub_folders, files in os.walk(imagefile):
    for name in files:
        imagefile = os.path.join(root, name)
        print(imagefile)
        if per_class(imagefile) == "cat":
            cat += 1
        else:
            dog += 1
        print("cat is :", cat, "      |dog is :", dog)
```

imagefile 是数据图片存储的路径，之后采用 for 循环将所有的图片送入模型进行训练，通过判定返回值的大小来确定模型计算的结果。最终结果请读者自行训练测试。

13.2.4　使用 Batch_Normalization 正则化处理数据集

可能有读者注意到，在 AlexNet 训练模型中，损失函数虽然按照既定的想法发挥作用，随着训练次数的不断增加，损失函数的数值也大量降低。但是，对于损失函数来说，仍然需要考虑可能的因素以降低损失函数的差值。

一般来说，当模型设计完毕以后，更多需要对输入数据的处理，不同的数据类型以及图片属性都会对模型的训练产生很大的影响。因此，就需要一种专门的方法去解决图片不同而产生的差异影响。

对于深度学习来说，数据在模型中的训练是一个复杂的过程，如果训练模型网络的前面几层发生非常小的变化，随着梯度下降算法的计算，这个微小的变化在后面几层就会被累积放大。

当数据输入的属性分布发生改变，即使是很小的变化，在传递这个变化的过程中，网络的后端产生会非常大的变化，从而会引起整个模型、整个网络去重新适应和学习这个新的数据分布。如果训练数据的分布一直在发生变化，训练模型对最后的预测结果也是在一个比较大的错误率之间浮动。

Batch_Normalization 是一种最新的对数据差异性进行处理的手段。通过对"在一个范围内"的数据进行规范化处理，使得输出结果的均值为 0，方差为 1。具体公式如图 13-15 所示。

$$
\begin{aligned}
&\textbf{Input: } \text{Values of } x \text{ over a mini-batch: } \mathcal{B} = \{x_{1...m}\}; \\
&\qquad\quad \text{Parameters to be learned: } \gamma, \beta \\
&\textbf{Output: } \{y_i = \text{BN}_{\gamma,\beta}(x_i)\} \\[8pt]
&\mu_{\mathcal{B}} \leftarrow \frac{1}{m}\sum_{i=1}^{m} x_i \qquad\qquad\quad \text{// mini-batch mean} \\
&\sigma_{\mathcal{B}}^2 \leftarrow \frac{1}{m}\sum_{i=1}^{m}(x_i - \mu_{\mathcal{B}})^2 \qquad \text{// mini-batch variance} \\
&\widehat{x}_i \leftarrow \frac{x_i - \mu_{\mathcal{B}}}{\sqrt{\sigma_{\mathcal{B}}^2 + \epsilon}} \qquad\qquad \text{// normalize} \\
&y_i \leftarrow \gamma \widehat{x}_i + \beta \equiv \text{BN}_{\gamma,\beta}(x_i) \qquad \text{// scale and shift}
\end{aligned}
$$

Algorithm 1: Batch Normalizing Transform, applied to activation x over a mini-batch.

图 13-15　正则化公式

在此我们不需要详细了解此公式的推导与证明过程，有兴趣的读者可以对此公式自行进行研究。TensorFlow 提供了专门的函数来完成数据的 Batch_Normalization 计算。batch_normalization 函数用法如下：

```
batch_normalization(x, mean, variance, offset, scale, variance_epsilon,
name=None):
```

下面对这个函数的参数进行解释：

● X：输入的数据文件。

- Mean: 批量数据均值。
- Variance: 批量数据方差。
- Offset: 待训练参数。
- Scale: 待训练参数。
- variance_epsilon: 方差编译系数。
- name: 名称。

可以看到，这里主要使用了 Batch 中的均值以及方差，offset 和 scale 是在模型中需要训练的数据，variance_epsilon 是需要设定的一个系数，一般情况下将其设置为 0.0001 即可。

TensorFlow 中使用 Batch_Normalization 的方法如下：

```python
def batch_norm(inputs, is_training,is_conv_out=True,decay = 0.999):

    scale = tf.Variable(tf.ones([inputs.get_shape()[-1]]))
    beta = tf.Variable(tf.zeros([inputs.get_shape()[-1]]))
    pop_mean = tf.Variable(tf.zeros([inputs.get_shape()[-1]]),
trainable=False)
    pop_var = tf.Variable(tf.ones([inputs.get_shape()[-1]]), trainable=False)

    if is_training:
        if is_conv_out:
            batch_mean, batch_var = tf.nn.moments(inputs,[0,1,2])
        else:
            batch_mean, batch_var = tf.nn.moments(inputs,[0])

        train_mean = tf.assign(pop_mean, pop_mean * decay + batch_mean * (1 -
decay))
        train_var = tf.assign(pop_var, pop_var * decay + batch_var * (1 - decay))
        with tf.control_dependencies([train_mean, train_var]):
            return tf.nn.batch_normalization(inputs,
                batch_mean, batch_var, beta, scale, 0.001)
    else:
        return tf.nn.batch_normalization(inputs,
            pop_mean, pop_var, beta, scale, 0.001)
```

首先生成 variance 和 offset，这里使用了传统的占位符，之后通过 tf.nn.moments 函数获取了数据的均值与均方差。train_mean 和 train_var 用于计算滑动平均值和滑动方差，它们将作为函数的数据集的均值和均方差输入到计算函数中。

tf.control_dependencies 函数表明只有在[train_mean, train_var]的计算结束后，才可以对下一步的 Batch_Normalization 计算，返回的也是相对应的函数和计算值。

这里有一个非常重要的问题：Batch_Normalization 函数用在模型计算的哪个位置。一般情况下，Batch_Normalization 用在矩阵计算之前，因为卷积神经网络经过卷积后得到的是一系列的特征图。在卷积神经网络中,可以把每个特征图看成是一个特征处理,对于每个卷积后的特征图都只有一对可学习参数,同时求取所有样本所对应的特征图的所有神经元的平均值、方差,然后对这个特征图神经元做归一化。

具体使用如下:

```
W_conv = {
        'conv1': tf.Variable(tf.truncated_normal([11, 11, 3, 96],
stddev=0.0001)),
        'conv2': tf.Variable(tf.truncated_normal([5, 5, 96, 256],
stddev=0.01)),
        'conv3': tf.Variable(tf.truncated_normal([3, 3, 256, 384],
stddev=0.01)),
        'conv4': tf.Variable(tf.truncated_normal([3, 3, 384, 384],
stddev=0.01)),
        'conv5': tf.Variable(tf.truncated_normal([3, 3, 384, 256],
stddev=0.01)),
        'fc1': tf.Variable(tf.truncated_normal([13 * 13 * 256, n_fc1],
stddev=0.1)),
        'fc2': tf.Variable(tf.truncated_normal([n_fc1, n_fc2], stddev=0.1)),
        'fc3': tf.Variable(tf.truncated_normal([n_fc2, n_classes],
stddev=0.1))
    }
    b_conv = {
        'conv1': tf.Variable(tf.constant(0.0, dtype=tf.float32, shape=[96])),
        'conv2': tf.Variable(tf.constant(0.1, dtype=tf.float32, shape=[256])),
        'conv3': tf.Variable(tf.constant(0.1, dtype=tf.float32, shape=[384])),
        'conv4': tf.Variable(tf.constant(0.1, dtype=tf.float32, shape=[384])),
        'conv5': tf.Variable(tf.constant(0.1, dtype=tf.float32, shape=[256])),
        'fc1': tf.Variable(tf.constant(0.1, dtype=tf.float32, shape=[n_fc1])),
        'fc2': tf.Variable(tf.constant(0.1, dtype=tf.float32, shape=[n_fc2])),
        'fc3': tf.Variable(tf.constant(0.0, dtype=tf.float32,
shape=[n_classes]))
    }

    x_image = tf.reshape(x, [-1, 227, 227, 3])

    # 卷积层 1
    conv1 = tf.nn.conv2d(x_image, W_conv['conv1'], strides=[1, 4, 4, 1],
padding='VALID')
    conv1 = tf.nn.bias_add(conv1, b_conv['conv1'])
    conv1 = batch_norm(conv1,True)
    conv1 = tf.nn.relu(conv1)
    # 池化层 1
```

```
    pool1 = tf.nn.avg_pool(conv1, ksize=[1, 3, 3, 1], strides=[1, 2, 2, 1],
padding='VALID')
    norm1 = tf.nn.lrn(pool1, 5, bias=1.0, alpha=0.001 / 9.0, beta=0.75)


    # 卷积层 2
    conv2 = tf.nn.conv2d(pool1, W_conv['conv2'], strides=[1, 1, 1, 1],
padding='SAME')
    conv2 = tf.nn.bias_add(conv2, b_conv['conv2'])
    conv2 = batch_norm(conv2,True)
    conv2 = tf.nn.relu(conv2)
    # 池化层 2
    pool2 = tf.nn.avg_pool(conv2, ksize=[1, 3, 3, 1], strides=[1, 2, 2, 1],
padding='VALID')


    # 卷积层 3
    conv3 = tf.nn.conv2d(pool2, W_conv['conv3'], strides=[1, 1, 1, 1],
padding='SAME')
    conv3 = tf.nn.bias_add(conv3, b_conv['conv3'])
    conv3 = batch_norm(conv3,True)
    conv3 = tf.nn.relu(conv3)


    # 卷积层 4
    conv4 = tf.nn.conv2d(conv3, W_conv['conv4'], strides=[1, 1, 1, 1],
padding='SAME')
    conv4 = tf.nn.bias_add(conv4, b_conv['conv4'])
    conv4 = batch_norm(conv4,True)
    conv4 = tf.nn.relu(conv4)


    # 卷积层 5
    conv5 = tf.nn.conv2d(conv4, W_conv['conv5'], strides=[1, 1, 1, 1],
padding='SAME')
    conv5 = tf.nn.bias_add(conv5, b_conv['conv5'])
    conv5 = batch_norm(conv5,True)
    conv5 = tf.nn.relu(conv2)


    # 池化层 5
    pool5 = tf.nn.avg_pool(conv5, ksize=[1, 3, 3, 1], strides=[1, 2, 2, 1],
padding='VALID')
    reshape = tf.reshape(pool5, [-1, 13 * 13 * 256])
    fc1 = tf.add(tf.matmul(reshape, W_conv['fc1']), b_conv['fc1'])
    fc1 = batch_norm(fc1,True,False)
    fc1 = tf.nn.relu(fc1)
```

```
# 全连接层 2
fc2 = tf.add(tf.matmul(fc1, W_conv['fc2']), b_conv['fc2'])
fc2 = batch_norm(fc2,True,False)
fc2 = tf.nn.relu(fc2)
fc3 = tf.add(tf.matmul(fc2, W_conv['fc3']), b_conv['fc3'])
```

从上面代码段中可以看到，在每个卷积层采样之后，使用 Batch_Normalization 函数进行数据归一化处理。全部代码如程序 13-2 所示。

【程序 13-2】

```
# coding: utf-8
import tensorflow as tf
import numpy as np
import matplotlib.pyplot as plt
import time
import create_and_read_TFRecord2 as reader2
import os

X_train, y_train = reader2.get_file("c:\\cat_and_dog_r")

image_batch, label_batch = reader2.get_batch(X_train, y_train, 227, 227, 200,
2048)

def batch_norm(inputs, is_training,is_conv_out=True,decay = 0.999):

    scale = tf.Variable(tf.ones([inputs.get_shape()[-1]]))
    beta = tf.Variable(tf.zeros([inputs.get_shape()[-1]]))
    pop_mean = tf.Variable(tf.zeros([inputs.get_shape()[-1]]),
trainable=False)
    pop_var = tf.Variable(tf.ones([inputs.get_shape()[-1]]), trainable=False)

    if is_training:
        if is_conv_out:
            batch_mean, batch_var = tf.nn.moments(inputs,[0,1,2])
        else:
            batch_mean, batch_var = tf.nn.moments(inputs,[0])

        train_mean = tf.assign(pop_mean, pop_mean * decay + batch_mean * (1 -
decay))
        train_var = tf.assign(pop_var, pop_var * decay + batch_var * (1 - decay))
```

```
        with tf.control_dependencies([train_mean, train_var]):
            return tf.nn.batch_normalization(inputs,
                batch_mean, batch_var, beta, scale, 0.001)
    else:
        return tf.nn.batch_normalization(inputs,
            pop_mean, pop_var, beta, scale, 0.001)


with tf.device('/cpu:0'):
    # 模型参数
    learning_rate = 1e-4
    training_iters = 200
    batch_size = 200
    display_step = 5
    n_classes = 2
    n_fc1 = 4096
    n_fc2 = 2048


    # 构建模型
    x = tf.placeholder(tf.float32, [None, 227, 227, 3])
    y = tf.placeholder(tf.int32, [None, n_classes])


    W_conv = {
        'conv1': tf.Variable(tf.truncated_normal([11, 11, 3, 96],
stddev=0.0001)),
        'conv2': tf.Variable(tf.truncated_normal([5, 5, 96, 256],
stddev=0.01)),
        'conv3': tf.Variable(tf.truncated_normal([3, 3, 256, 384],
stddev=0.01)),
        'conv4': tf.Variable(tf.truncated_normal([3, 3, 384, 384],
stddev=0.01)),
        'conv5': tf.Variable(tf.truncated_normal([3, 3, 384, 256],
stddev=0.01)),
        'fc1': tf.Variable(tf.truncated_normal([13 * 13 * 256, n_fc1],
stddev=0.1)),
        'fc2': tf.Variable(tf.truncated_normal([n_fc1, n_fc2], stddev=0.1)),
        'fc3': tf.Variable(tf.truncated_normal([n_fc2, n_classes],
stddev=0.1))
    }
    b_conv = {
        'conv1': tf.Variable(tf.constant(0.0, dtype=tf.float32, shape=[96])),
        'conv2': tf.Variable(tf.constant(0.1, dtype=tf.float32, shape=[256])),
        'conv3': tf.Variable(tf.constant(0.1, dtype=tf.float32, shape=[384])),
```

```
          'conv4': tf.Variable(tf.constant(0.1, dtype=tf.float32, shape=[384])),
          'conv5': tf.Variable(tf.constant(0.1, dtype=tf.float32, shape=[256])),
          'fc1': tf.Variable(tf.constant(0.1, dtype=tf.float32, shape=[n_fc1])),
          'fc2': tf.Variable(tf.constant(0.1, dtype=tf.float32, shape=[n_fc2])),
          'fc3': tf.Variable(tf.constant(0.0, dtype=tf.float32,
shape=[n_classes]))
      }

      x_image = tf.reshape(x, [-1, 227, 227, 3])

      # 卷积层 1
      conv1 = tf.nn.conv2d(x_image, W_conv['conv1'], strides=[1, 4, 4, 1],
padding='VALID')
      conv1 = tf.nn.bias_add(conv1, b_conv['conv1'])
      conv1 = batch_norm(conv1,True)
      conv1 = tf.nn.relu(conv1)
      # 池化层 1
      pool1 = tf.nn.avg_pool(conv1, ksize=[1, 3, 3, 1], strides=[1, 2, 2, 1],
padding='VALID')
      norm1 = tf.nn.lrn(pool1, 5, bias=1.0, alpha=0.001 / 9.0, beta=0.75)

      # 卷积层 2
      conv2 = tf.nn.conv2d(pool1, W_conv['conv2'], strides=[1, 1, 1, 1],
padding='SAME')
      conv2 = tf.nn.bias_add(conv2, b_conv['conv2'])
      conv2 = batch_norm(conv2,True)
      conv2 = tf.nn.relu(conv2)
      # 池化层 2
      pool2 = tf.nn.avg_pool(conv2, ksize=[1, 3, 3, 1], strides=[1, 2, 2, 1],
padding='VALID')

      # 卷积层 3
      conv3 = tf.nn.conv2d(pool2, W_conv['conv3'], strides=[1, 1, 1, 1],
padding='SAME')
      conv3 = tf.nn.bias_add(conv3, b_conv['conv3'])
      conv3 = batch_norm(conv3,True)
      conv3 = tf.nn.relu(conv3)

      # 卷积层 4
      conv4 = tf.nn.conv2d(conv3, W_conv['conv4'], strides=[1, 1, 1, 1],
padding='SAME')
      conv4 = tf.nn.bias_add(conv4, b_conv['conv4'])
      conv4 = batch_norm(conv4,True)
```

```
    conv4 = tf.nn.relu(conv4)


    # 卷积层 5
    conv5 = tf.nn.conv2d(conv4, W_conv['conv5'], strides=[1, 1, 1, 1],
padding='SAME')
    conv5 = tf.nn.bias_add(conv5, b_conv['conv5'])
    conv5 = batch_norm(conv5,True)
    conv5 = tf.nn.relu(conv2)


    # 池化层 5
    pool5 = tf.nn.avg_pool(conv5, ksize=[1, 3, 3, 1], strides=[1, 2, 2, 1],
padding='VALID')
    reshape = tf.reshape(pool5, [-1, 13 * 13 * 256])
    fc1 = tf.add(tf.matmul(reshape, W_conv['fc1']), b_conv['fc1'])
    fc1 = batch_norm(fc1,True,False)
    fc1 = tf.nn.relu(fc1)


    # 全连接层 2
    fc2 = tf.add(tf.matmul(fc1, W_conv['fc2']), b_conv['fc2'])
    fc2 = batch_norm(fc2,True,False)
    fc2 = tf.nn.relu(fc2)
    fc3 = tf.add(tf.matmul(fc2, W_conv['fc3']), b_conv['fc3'])


    # 定义损失
    loss = tf.reduce_mean(tf.nn.softmax_cross_entropy_with_logits(fc3, y))
    optimizer =
tf.train.GradientDescentOptimizer(learning_rate=learning_rate).minimize(loss)
    # 评估模型
    correct_pred = tf.equal(tf.argmax(fc3, 1), tf.argmax(y, 1))
    accuracy = tf.reduce_mean(tf.cast(correct_pred, tf.float32))


    init = tf.global_variables_initializer()

def onehot(labels):
    '''one-hot 编码'''
    n_sample = len(labels)
    n_class = max(labels) + 1
    onehot_labels = np.zeros((n_sample, n_class))
    onehot_labels[np.arange(n_sample), labels] = 1
    return onehot_labels

save_model = ".//model//AlexNetModel.ckpt"
def train(opech):
```

```
with tf.Session() as sess:
    sess.run(init)

    train_writer = tf.summary.FileWriter(".//log", sess.graph)  # 输出日志
的地方

    saver = tf.train.Saver()

    c = []
    start_time = time.time()

    coord = tf.train.Coordinator()
    threads = tf.train.start_queue_runners(coord=coord)
    step = 0
    for i in range(opech):
        step = i
        image, label = sess.run([image_batch, label_batch])

        labels = onehot(label)

        sess.run(optimizer, feed_dict={x: image, y: labels})
        loss_record = sess.run(loss, feed_dict={x: image, y: labels})
        print("now the loss is %f " % loss_record)

        c.append(loss_record)
        end_time = time.time()
        print('time: ', (end_time - start_time))
        start_time = end_time
        print("---------------%d onpech is finished-----------------" % i)
    print("Optimization Finished!")
  #   checkpoint_path = os.path.join(".//model", 'model.ckpt')  # 输出模型的
地方
    saver.save(sess, save_model)
    print("Model Save Finished!")

    coord.request_stop()
    coord.join(threads)
    plt.plot(c)
    plt.xlabel('Iter')
    plt.ylabel('loss')
    plt.title('lr=%f, ti=%d, bs=%d' % (learning_rate, training_iters,
batch_size))
    plt.tight_layout()
    plt.savefig('cat_and_dog_AlexNet.jpg', dpi=200)
```

打印出最终损失函数曲线如图 13-16 所示。

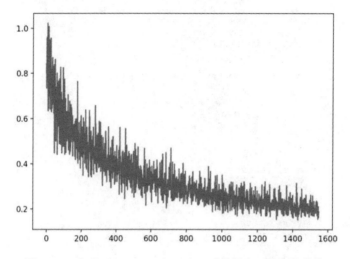

图 13-16 加入 Batch_Normalization 后的损失函数变化曲线

图中选取了前 1500 次循环的损失函数变化率作为计数曲线。可以看到，随着次数的增加，损失率由 1 降低到 0.2 左右，这与图中未加 Batch_Normalization 的损失曲线相比较，已经获得了十倍以上的提高。

相关结果请读者自行验证。

13.3 本章小结

本章详细介绍了使用 AlexNet 进行图像处理的一个例子，这个例子来源于现实中的 Kaggle 竞赛——猫狗大战。

本章循序渐进地讲解了完成一个图像识别项目的全部流程：数据的收集与处理、模型的设计与训练、中途图像的存储和参数调整，这些都是在工业或者商业上做图像识别最常用的技能。

本章讲述的实例是深度学习对图像识别应用的经典。在实际的工作中，读者可能会遇到更多要求对图像识别进行研究的案例，综合运用多种模型和手段去发现数据所蕴含的价值，提取图像中特征并做出分类是研究的目的。相信通过本书的学习能够使读者初步掌握使用卷积神经网络处理图像的方法。